讓內向者發光的自我行銷術

なぜか好かれる人の「わからせる技術」

反直覺的實用溝通法，
解放你的努力與魅力

馬場啓介——著
謝濱安——譯

只要是人，都希望獲得周遭的理解。
渴望自身價值得到認同。
儘管所屬的領域微不足道，但我們都希望自己在其中是個重要的存在。

——戴爾．卡內基《卡內基溝通與人際關係》

「符合這些狀況的朋友請務必一讀本書！」

這是我寫這本書時心中的想法。

□ 覺得自己沒有如實獲得評價。

□ 與上司合不來，總覺得自己的待遇低於實力。

□ 無法理解為什麼明明做一樣的工作，別的同事卻總能得到讚美。

□ 說話常常被誤解。

□ 只因為是女性，就被認定能力低於男同事。

□ 真的很想讓別人知道自己有在認真努力。

□ 如果能再獲得上司多一點讚許就好了。

□ 儘管只是普通聊天，仍時常被說「講話方式很刻薄」。

□ 不知道為什麼，總感覺自己無法獲得下屬與女同事的尊重。

□ 鮮少有人邀約參加聚餐或活動。

□ 自己很認真工作，卻總得替不負責任的同事擦屁股，真是受夠了！

□ 想獲得更多認同，但不知道怎麼推銷自己。

□ 想知道怎麼樣才能「自然而然」獲得他人的理解。

即便只有一項，假如你心中閃過了「或許這是在說我」的想法，請繼續往下閱讀，因為這本書就是**為你而寫**的。

目錄

【第二章】

建立「什麼都不做，卻能莫名討人喜歡」的習慣

【第三章】

不一味追求，也絕對有效的「吸引認同法」

【第四章】
讓自己成為「能夠被好好理解」的人

前言

感謝願意翻開這本書的你。

我是作者馬場啓介。

很開心能藉此書與你結緣。

什麼樣的人會對這本書產生興趣呢？我想，你必定是個**生性嚴謹的努力者，忍耐力強，也相當重視人際的協調**。

你總在察言觀色，不願意造成任何人的困擾，往往在不自覺間開始單打獨鬥，接著便擅自質疑起自己是否很難相處。

舉例來說，有一些伶牙俐嘴又精明的同事和後輩很會找空檔偷懶，卻又能在關鍵時刻展現出認真的態度，因此工作成果總能獲得不錯的評價。把一切看在眼裡的你，心中不免浮現以下疑惑：**「我明明很努力，為什麼就是無法獲得該有的認同呢？」**

每天都如此苦悶地奮鬥著……

我說的沒錯吧？

明明能力與技術都差不多，一起做相同的事情，也交出了差不多的成果，但為什麼別人獲得周遭的讚賞和認同，自己卻沒能得到預期中的回饋？

儘管如此，你卻還是怪自己不夠努力，於是更加努力。不過，你在一番努力之後，仍不善於表達自己的努力，所以常有「我已經這麼認真了，對方一定會知道我的用心！」的想法。而是否正是這種想法，讓你的努力付之一炬，且沒人注意到你的付出？

如果你的答案是肯定的。

我這本書就是為了你而寫。

「你又是誰，憑什麼說這些？」

或許你會有這種疑問，在此我做個簡單的自我介紹。

我的專業是「商戰教練」。

我針對多種不同職業，給予想達成目標的客戶所需的建議；目前也經營三所規模遍及日本全國的教練學校。

運動員為了達成目標需要有教練指導，商務人士也一樣需要顧問的幫助，此項需求在歐美尤其成為主流。日本也已經有一定比例的上市公司聘請商戰教練，許多企業為了培育人才也會舉辦教練培訓的研修課程。

我過去曾經在全日本唯一的教練公司工作與訓練學員，而獨立之後，至今總計已經幫助改變了兩萬人的事業生涯。

話雖如此，**我改變的並非當事者本人**。我只是幫助人們找到改變的契機與觀點，只有你決意實行，改變才會真的出現。我僅僅只是給予支持，讓客戶能夠更快而且更確實地達成期望的目標。我的工作就是：**與當事者一起將他需要的「解答」從他的潛能中挖掘出來。**

兩萬人聽起來很多，但其實每個人煩惱的事情都跟你差不多。

「覺得自己不獲認同。」

「希望得到更如實的評價。」

「但是，不知道怎麼推銷自己。」

總而言之，大家都是一樣的。

我的任務就是提供這些人「更有效的努力方式」、「更有效的自我行銷法」、「更有效的人際關係構築法」等等的方法。

如果能成功為你解決煩惱，這將會是我最自豪的事情。也因此，在閱讀本書的過程中，你將會看到「讓努力自然獲得應有的評價」、「無須表現得過於強勢，卻能獲得認可」、「不知不覺就獲得周遭的人的擁戴」等方法，屆時請務必親身體驗看看。

我敢保證，一點都不困難。

話說回來，有這些煩惱的人都有一個共通點：

「對『自我行銷』這件事有所誤解。」

除了日本，我還想大聲向世界上的人們宣告這件事！（這也是促使我撰寫本書的一個重要動機）

請問，「很會自我行銷的人」會讓你產生何種印象？

總是堅持己見？

在團體中特別受注目？

能言善道？

不知道為什麼，我們會想像這種人應該「很擅於對他人展現自身優點」，對吧？

然而，請你再想想身邊擁有上述特質的同事和朋友。

你會覺得跟他們相處起來很累，因而想保持距離，不是嗎？然後你會想，難道我也非這麼做不可嗎？心情就此變得沉重。

日本人的本性謙虛有禮，並不喜歡刻意在他人面前炫耀自身的能力與優點。這樣的文化所孕育出的人，你叫他在別人面前胡亂自我行銷，**與其說做不到，其實應該是不想做**。

話雖如此，不論是誰都會希望自己的長處與努力獲得周遭認可。尤其現代社會如此競爭，若無法讓別人看見優點，你將難以生存。而且，人們每天都過得相當忙碌，根本沒有餘裕去留意他人。**假如你沒有確實將自己的努力與魅力**

傳遞出去，吃虧的是自己，因為不會有任何人主動注意你。

如果不想表現得太過強勢，卻又想讓別人理解你的「認真努力」——該怎麼辦才好呢？

自我行銷的目的是為了獲得更多機會，讓工作成果如實獲得認同，讓對方感受到你的魅力以及你所做的努力。我認為，你無須強勢說服他人也能達成此項目的。

能讓你實現願望的，並非過去那種賣弄自身優點的表達方式，而是**讓旁人「自然而然感受到你的優點，不自覺就想讚賞」的魔法。**

在本書的第一章，我要介紹的是不同於以往的全新自我行銷法。

之後的第二章，為了熟悉這種自我行銷方式，你必須先建立幾項習慣。

然後是第三章，我要教你幾項能使旁人更容易理解你的技巧。

最後是第四章，藉由活用我擁有的教練技巧與知識，我將解說「如何構築獲得信任與好感的人際關係」，以便各位更能掌握這全新的自我行銷術。

以上所述，全都是針對**「你原本就有的能力、魅力與努力」**，我只是教你如何傳遞出去而已。你完全不必擴展或琢磨新的技能，而需要的只是稍微改變看待事物的方式，執行時保持愉悅且態度專注。我相信最終你一定會說：「還好我有讀完這本書！」

希望讀完本書的你，所有的「認真努力」都獲得理解，與周遭的人建立良好關係，讓每天變得更加充實——對我而言，這是最值得開心的事。

【第一章】

愈想「獲得理解」的人，愈會適得其反！

「希望能獲得他人的理解。」

生活在這世界上的每一個人多少都有這種想法。

問題是，為什麼沒人願意正視、學習「獲得他人理解」的方法？

在這裡，讓我們一起邁出第一步吧！

或許你的「努力」完全沒有傳達出去

雖然有點突然，但我想問一個問題。

請回想一下你的生活與工作，你是否認為自己已經「認真努力」、「竭盡所能」了？

回答「不是」的人，請再多多加油。

回答「是」的人，請問這個「認真努力的自己」有獲得周遭的認同與理解了嗎？

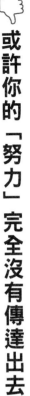

「我做事謹慎，無不想著工作，也常常加班，我想大家應該看在眼裡吧？」

如果你抱持這種想法，就太沒有危機意識了。

很抱歉，這個社會沒有那麼好混。

不論再怎麼懂你的人，**理解程度至多只有40％左右**。這是我從事教練工作十年來經歷無數訪談而來的感想，就算是夫妻或親子之間也不例外。如果連長時間相處在一起的家人都只有這等理解程度，那麼只在工作場合打打照面的人就更不用說了。

大多時候，沒人會對你多做關注。換言之，**他人的關心出乎意料地少之又少**。

舉例來說，今天你去換了一個新髮型。

如果是長久以來都維持一般髮型的人，突然跑去燙了顆爆炸頭又染成粉紅色，那還說得過去。然而，如果只是稍作修剪，簡單弄點染燙，到底有多少人會注意到這件事？

再想想學生時代的大合照，每個人一拿到照片幾乎都會先找自己。之後除了自己喜歡的人，大概不會特別去注意其他人。

就算是藝人因為醜聞引起大騷動，只要過一些時間，所有事情都會被遺忘殆盡。

所以說，人類對其他人的事情其實是不在意的。

再說，人們很容易產生先入為主的觀念。一旦在腦中建立「他就是這種人」

的想法，幾乎就很難消除這種印象。

比方說，假如你在入社典禮時跌了一跤，讓人留下「這傢伙真冒失」的印象。不論之後過了五年或十年，這件事在公司聚餐時大概還是會一再被重提。搞不好到你離職那天，人家可能還在說：「他就是在入社典禮上跌倒的人哪！」

想要修正這種既定印象相當困難。總歸一句，**人們對於別人的事情確實可說是漫不在乎**。

那該怎麼辦呢？想改變這種「他人無視自己」的情形，就得在對方擅自評價之前，先「明確地將自己的事情傳達出去」。

雖然理解言外之意是日本文化的一部份，但如果你真的**抱持「對方應該知道我在說什麼吧」的心態，每天得過且過的話，那只會吃虧而已**。

假若你沒有積極將自己的「努力」傳遞出去，在現今競爭激烈的社會將無法生存。

明明付出相同努力，為什麼同期的那個傢伙卻比你更有出息？

或許原因就在於，你沒有認真表現出自己的「努力」。不過，當你已經努力展現自己，卻有80％都沒有得到回報時，就是你傳達「努力」的方式錯了。

錯誤的傳達，等同沒有傳達。

你竭盡所能地努力付出了，並希望這份努力能讓他人理解，這是理所當然的欲求。為了幫助你獲得理解，我在這本書中將會告訴你如何以**正確的方式**推銷自我。

我的願望，就是讓你所有的「努力」都獲得回報。

自我行銷≠自顧自地高談闊論

在此我先做個小測驗：

假設你的主管沒有察覺到你的努力與付出，像這種時候，該用何種方式與對方溝通比較合適呢？

1. 找一個兩人獨處的時間，假裝不經意談及自己的感受。
2. 趁著有不錯的工作成果，想辦法增加自己的存在感。
3. 趁主管心情好的時候，若無其事地說出自己的期待。

老實說，以上皆非正解。

因為主管的心中可能正想著：「啊～～這種事隨便都好啦！我還比較想聊昨天跟朋友去打十八洞的事，我的成績還算不錯喲！」

聽起來像在開玩笑，但現實意外地就是如此。

在我的客戶當中，有許多人對下屬過度的自我推銷感到吃不消。這就跟有些人總是喜歡在社群網路上賣弄、自誇一樣，容易使人沒勁。

主管也是人。如果下屬只顧著講自己的事，當然會感到厭倦。這時候焦躁的人不只是下屬，主管由於受不了而要求下屬「別再自捧了！」的案例也不在少數。

那麼，如果想讓主管理解自己，該如何應對才有成效？

我在此用上述例子來說明。

「部長，昨天的高爾夫打得如何？」

咦？這哪裡算「傳達努力」了？

或許你現在覺得有些困惑，但這確實是一個好開場。

假如你只顧著說自己想說的話，那會形成一種「我是多麼多麼努力工作」的單方傾訴，主管只會覺得無聊，不僅不會記住你說的內容，恐怕還會覺得你是個「麻煩的傢伙」——這將變成你的標籤。

如此一來，你的表現將更難獲得正確的評價。

相反的，假如你以主管的話題來開場，讓對方聊得愉快，對方就會覺得「不錯嘛，這傢伙很談得來」，對你的好感瞬間提升。這類型的下屬自然會很討喜，容易受到主管的重視。

除非事情真的非常重要，否則一般人聽了會覺得：**真難相處，工作能幹又如何，實在不想跟這種難搞的人在一起**。無視他人心情，自顧自地高談闊論，這種行為只會讓人覺得「怎麼搞的，這傢伙真沒意思」，避之唯恐不及。如此一來會導致「你愈努力，愈得不到認同」的惡性循環。

像這種**拙劣的自我行銷是非常危險的行為**，愈做只會有愈大的反效果。

別開口，讓魅力「自然流露」

「認真努力」本來就是一件難以表述的事。

這與愛情的狀況相似，請試想，如果你冷不防對別人說：「我喜歡你！」、「我愛你！」會發生什麼事？除非你這個人魅力十足，不然大概會造成對方的困擾，進而對你產生戒心。反之，若能不經意地幫忙提重物，在對方心情低落時給予關心，就會發散出「我很喜歡你唷」、「我很在意你唷」的感覺，無須刻意，兩人的心自然能貼近。

自我行銷跟戀愛是一樣的，**在他人面前強求並不是適當做法**。「可是，感覺直接把『我真的非常努力！』說出來，對方才比較能夠明瞭。」如果你是這樣想的人，請冷靜思考一下，過去你用這種方式表達之後，結果如何？你是否刻意遺忘自己被拒絕的經驗？

說到底，唯有創造可以自然展現「認真努力」的情境，才能讓對方好好接收我方的自我行銷，也才有辦法獲得好結果。基本上，工作與愛情在這一點是相同的。

我想介紹義大利詩人法蘭切斯科．佩托拉克（Francesco Petrarca）說過的一句話：

「如果你能說出你的愛有多深，表示你愛得還不夠。」

這句話是否令人心頭一震？

確實，真正的愛在「我愛你」這句告白說出口之前，應該要有恰如其分的行動展現。而且，如果對方已經感受到愛，口頭表達就非絕對必要了。

跟愛情的告白一樣，**假如你覺得自己的努力非用言語表達不可，或許代表你對自己沒有信心**。由於沒信心，所以想用言語彌補缺口。（當然，適時把愛說出口也很重要。）

我會在第四章詳談讓自己保持自信的方法。我在此想說的是，請捨棄那種

「付出與努力不說出口就無法傳達」的觀念。只要懂這個道理，你就不會再一味地高談闊論了。

認真努力與否，並非是你自己能決定的事。必須由他人做觀察，由他人來判斷。前面已多次提及，其實別人對你的事並不太在意，因此，用易於使人理解的方式去呈現自己的努力與付出，是一個必要的行動。

方法與技術的細節，我會融入自身知識，在接下來的第二章與第三章詳細說明。請務必參考。

自我行銷就是「讓人對你感興趣」

如果不能用言語表達自己的想法，那究竟該怎麼做才好？

你是否正為此抱頭苦惱？不必擔心，我的意思是不要只顧著**「談論自己」**。因為你如果只顧著說自己的事，會給對方「強求」的印象，令人不自覺地想要迴避。

相反的，假如能順應狀況，不經意地展露出你想讓人看見的模樣，對方就會覺得「哦～原來是這樣啊！」自然而然地接受你的想法。

也就是說，關鍵在於：等待最佳時機，接著好好把握。

我在此分享一個我自己相當喜歡的例子。NHK電視台引領風潮的節目「Top Runner」主持人箭內道彥曾經有過一次為人稱道的面試故事。當時箭內獲得一家廣告代理公司的面試機會，他帶著吉他參加這場面試。

光是這點就已經很厲害了，但更驚人的還在後頭。他帶著吉他，卻將吉他立在座位旁邊，**過程中完全不提關於吉他的事**。

直到面試結束，他向面試官道謝起身，仍舊不提。

面試官因而感到錯愕。「既然都帶吉他到座位旁了，應該是最後想表現一下吧？」會有這種想法也是理所當然。於是在場的所有人都問他：「那把吉他是做什麼用的？」我想要是當時自己也在場，一定也會想這麼問。

這時，箭內才若無其事地說：「咦，你們想聽聽嗎？」之後開始彈奏，從容不迫地展現自己的才能。

在這種場合，他如果一開始就表示：「我有一首拿手的曲子想彈奏給你們聽。」對方的反應大概會是：「啊～吉他啊～好的好的。」事情就完結了。

然而，他勾起了大家的興致，**使面試官想要了解他帶吉他的理由**，藉此將才能的展現提高了一個層級。儘管他沒有自我行銷，卻令人印象更深刻。順帶一提，此次面試箭內以完美的成績錄取。

交換名片時，我也會使用類似的策略。名片交換之後，我不率先發話，而是仔細閱讀接過手的名片，刻意等待對方提出「馬場先生一般都是提供什麼樣的教練服務？」等類似的疑問後，才順應問題講出自己的工作內容與專長。

假如我一遞出名片便滔滔不絕：「我專營各種教練服務，包括……」用這種方式，對方有很高機率會覺得「這個人很傲慢嘛～」。

自我行銷這種事，「讓對方先問起就贏了」。也就是說，必須讓對方「對你產生興趣」，進而產生提問的欲望。

假如無法引發對方好奇，只是單方陳述，那麼無論用何種方式表達都無法獲得迴響。因此，關鍵在於如何把話題引導至我方陣營。

自我行銷之前，不妨先讓對方發表高見！

想引發對方興趣應該怎麼做？

基本上，人們都會對「關心自己的人」感興趣，願意專注傾聽的人尤其會讓人產生好感。對於願意傾聽自己的人，我們總會認為應該也要問問對方的狀況。

請回想一下前面「自我行銷≠自顧自地高談闊論」小節中，主管與下屬的案例。

假如你讓主管暢快談論他所自豪的高爾夫，他內心也會興起想進一步了解你的欲望。「你最近狀況怎麼樣啊？」對方很可能會這樣提問，如此一來，你在對話中表現自己的機會就增加了。

想獲得認同，**與其單方面強推，倒不如先給予對方認同**。只要這麼做，對方也會認同你的努力與付出。

對於認同自己的人，自己也會想給予認同——人類的本性就是如此。只要創造出這種氛圍，就算你不刻意表現，**對方也會自己想辦法找出你的優點**，認同你的努力與貢獻。

我舉個例子。假設你現在單身，有一份全職工作，而隔壁座位的同事最近剛休完產假重回崗位，每天下午五點一到就得收拾回家。她回家後，需要你加班幫忙完成剩下的工作。不過，這位同事完全沒意識到你為她付出的一切。

這種狀況確實相當難受。

必須早歸是無可奈何的事，但至少希望對方能夠了解接手工作的人是自己。就算是一句「感謝你」，工作的心情也會提升。

這種時候，如果你說：「你每天回家之後，都是我在幫你收拾工作，說聲謝謝不是比較好嗎？」對方很可能回答：「我照顧小孩也很辛苦啊！而且我有按照公司規定，你少在那邊擺架子！」於是發生爭執。

你確實表達了自己的付出，但對方卻故意視而不見。

那如果這樣說，情況又會如何？

「孩子還那麼小，回來工作很辛苦吧？能夠兼顧工作與育兒真是了不起，有任何需要幫忙的地方請別客氣。」

首先認同對方的努力。

接下來會發生什麼事？

「不，我才要感謝你總是幫我接手後續工作。要不是我，你就不用那麼晚回家了。」

這樣是不是輕而易舉就讓對方說出關心你的話了？

當人們認為對方理解自己時，關懷的心也會順應而生，此時必然願意為對方付出。

所以說，假如你期望自己的付出能獲得他人理解，那就別急於表現自我，先認同對方的努力與貢獻反而才是關鍵。

「能言善道」有礙「自我行銷」

「我不善言辭，所以無法明確表達自己所做的努力……」

你有類似的困擾嗎？有的話，你的機會來了。

事實上，這樣子的人反而更能妥善地將自己的「認真努力」傳達出去。

與客戶進行面談時，經常有人問我：

「想到什麼就立刻說出口，是不是不太好？」

這些人通常會接著說：

「可是朋友又會說，這就是一個人很真誠、不拐彎抹角的證明。」

確實如此，假如對方是在私領域對你有足夠了解的人，這或許能算得上一種魅力——話雖如此，這些人**對你真正的理解最多只有40%**。

更不用說那些只是有工作往來、平時並不認識你的人。他們對於說話不經取捨的你，很可能會有如此想法：「這個人不懂得替他人著想」、「只會自說自話」。

才想到就立刻說出口的話語，通常沒有經過深思熟慮。「如果什麼都不說，會給人感覺能力不足。」、「總之就是想趕快融入。」這類的說話者大多有類似焦慮，因此才急著發言。

不擅長說話的人，反而能扮演好的聆聽者。因為不擅長，只好先在腦中整理過才把話說出口，所以能直擊關鍵。假如在重要的事情上俐落切入重點，說話時就會更有說服力。

這類型的人雖然不追求自我表現，卻可能讓周遭的人發出「哦！」的驚嘆，「考慮得很周到嘛！」他人自然會給出認同。

假如你是「想到什麼說什麼」的類型，下次發話前記得先試著深呼吸，讓情緒及衝動緩和下來。然後才與對方眼神相接，柔化面部表情，且順應著話題回應或傾聽，這可能是更適當的做法。

電視節目上的來賓也一樣，能夠生存的人大多善於回應。看看那些搞笑藝人，每當有人發言，他們會立刻起立鼓掌，露出一臉震驚的表情。經過這一番炒熱氣氛，發言的人講起話來就更加開心了。藝人明石家秋刀魚尤其是這個領域的箇中好手。

重點不在於「談論自己」，而要抱持「想辦法讓對方多說一點」的想法。

如果你急於推銷自己，把「絕對要讓別人感受到自己的魅力！」、「不這麼做會被看不起！」等想法當做與人交談的動機，反而會很難傳達你的付出和努力。假如你能控制這股情緒，將它轉換為尊重的態度，與人交談時自然會給對方「總覺得他不錯」、「可以跟他共事」的感受，並且讓對方察覺自己的魅力，如此一來，也就更容易認同你的努力與付出。

想讓他人理解自己的「認真努力」時，傾聽比說話更重要。

唯有對方願意傾聽時，你的自我表現才會有顯著效果。而若想讓對方自然認同你的努力，則必須先由自己去關心對方的付出。也就是說，想獲得他人認同的話，傾聽能力比能言善道重要許多。

為了「急著表達自己」所做的努力，只會造成反效果

「為了讓他人認同我的努力，為了推銷自己，我一定要多參與社交活動才行……」你是否有過類似想法？又或許，你滿腦子只想著：「我得一定要引人注目！」

不過，這種努力絕非必要。你無須為了表現自己多做這種努力，因為現在的你絕對足以獲得他人理解。

人並沒有那麼容易改變，如果你強求著不可能的改變，以至於行為舉止變得極不自然，那麼一切都將是空談。最終只會讓你與他人更加疏遠。

當然，絕對有人透過努力而如願改變，但這些人勢必都是腳踏實地，一步一腳印地逐步達成。假如你只想短暫投入心力就有莫大改變，困難度會相當高。

從事教練工作時，我常以熱氣球來比喻。

熱氣球由於熱空氣而上升，但只要在周圍綁上夠重的沙袋，不論火焰再大都難以升空。若想提升熱氣球的高度，**除了加大火焰，減輕沙袋的重量也是必須考慮的重點**。

老實說，我本人既非活力充沛之人，也非積極向前的類型。但我懂得減輕重量的技巧，所以有自信飛得比別人更高。因此，每次看見那種一心只想加強火焰的人，我總是不禁感嘆，如果他們願意試試另一種方式就好了。

傳達努力的道理也相同。為自己加油打氣，奮力尋求認同當然沒有不對，可是若能捨棄重量，讓他人理解最原初的自己，不也是一種方法嗎？

不論獨處或在眾人眼前，我處理事情都會用相同的態度，不會因為事關緊要就表現得特別用心。一旦你過度使力，行為就會變得不自然。

我講話總是輕聲細語，因此常有人會覺得「這個人沒什麼幹勁」，但這就是真實的我，我選擇用最適合自己的方式做事。運用華麗辭藻、耍酷，或者刻意感動對方等方法我都不予考慮。

舉例來說，我們偶爾會覺得某部電影「啊，太刻意了啦！」，這時既不會感動，也笑不出來，對吧？**「刻意」的事物令人無感**，因此我自己絕對不做這種事。意圖明顯或太過算計都無法獲得認同，我認為，重點在於如何呈現內心的真實想法。

你無須過度勉強自己，請試著將原先習慣加大火焰的思考模式，改為專注在減輕沙袋策略上，再看看結果如何？

正如前章節所述，請避免自顧自地高談闊論，先準備好成為一個傾聽者。

「我的努力沒被看見可不行啊！」這種想法只會讓你做白工，周遭的人也因此毫無興致。

「非被看見不可」、「必須讓別人一看我的長處」，稍稍把這些執著擺到一旁，放下你的努力，你的付出反而更容易獲得認同。

獲得認同的簡單方法：不賣弄，先表明自己的弱點

這件事雖然無奈，但我必須告訴各位。

不論你多麼努力，這個世界上還是會有人想要挑你毛病。（總是會有這種令人沮喪的同事，不是嗎？）

人們對於時時勤奮努力、工作表現又傑出的菁英容易抱持敵意，特別想挑這種人的毛病，就連負責打考績的主管都會有此想法。還有另一種人也會被挑

剔——喜歡高談闊論、無時無刻將「我非常努力」掛在嘴上的人。

這樣一來，該怎麼才能把自己的「認真努力」傳達出去呢？

答案非常簡單。

在對方挑錯之前，自己先揭示弱點。

我們總習慣隱藏自己的缺點，導致彼此都用相當笨拙的表達方式，去揭露對方的錯誤。也因此，自己先承認為佳。

舉例來說，某位同事每次報告書都遲交，所以你特別提醒他要注意截止日期。補充一下，這位同事的工作表現並不出色。

結果對方這樣回答：

「哎呀~只要我開始馬上就能完成，不過今天實在太忙了，沒有時間……」

你的感覺如何？

就算他真的火燒屁股，也不禁令人想吐槽「還不就是做事太慢……」，說不定與其他同事聚餐時，還會想一起說他的壞話：「那個傢伙，做事拖拖拉拉還自以為很能幹耶～～」

相反的，假如對方這麼回答：

「很抱歉，我進度延遲了。說起來很丟臉，但我真的不擅長寫文章……不知道能否給我一點提示，謝謝你……」

感覺到對方態度謙虛時，你可能會說：「沒這回事，你做事很謹慎，也很少出差錯……」反而讓人想要舉出優點予以鼓勵，不是嗎？

若是看見他人有缺陷或低潮，人們反倒會萌生一種「想要為此人做些什麼」的心情，於是拚命尋找對方的優點予以鼓勵。

請仔細回想一下，在臉書等社交網站上，哪種類型的文章比較容易吸引他人留言？是那種到高級餐館用餐、遇見了不起的名人之類，發文者浸淫在自身優越感的貼文，還是那種描述自己因為失敗而心情低落的貼文？你覺得哪一種文章會不斷有人按「讚」呢？

人類這種生物，隨時隨地都在與無以名狀的不安感奮鬥。也因此，**看見他人的「脆弱面」時，忽然就會安心了，認同對方的情緒也在此時油然而生。**

將自己的弱點公諸大眾，不僅能使你的付出與努力獲得理解，公司的氣氛也會隨之改變——認真努力的人不會因此被扯後腿，反而更能凝聚公司的向心力。

這只需要一點勇氣，試試看，就算是微不足道的事情也無妨，把自己的弱點說出來吧！

愈想獲得認同的人，其實愈難如願

「好想更加被大家認同啊～」

你正在發出這樣的嘆息嗎？

請等一下。

你的努力獲得認同之後，「還想更加被認同」的想法其實是個很大的陷阱。

請試想，容易得到認同的人有什麼特質？

他們都是「能量不外放」的人。

換句話說，能量外放的人相對難獲得他人認同。

「如果我這麼做，偷懶也沒人會看見吧。」

「這種狀況下，我應該要閉嘴才對。」

除了工作本身之，多花費心神在旁人的目光，或享樂的方法……諸如此類的行為就是「能量外放」。這樣的人總難以得到他人認同。

做事並非為了得到認同，而只因為想做而做，努力是發自內心——如果一個人有著這種動機，全心全意投入工作，那麼旁人看了自然會感動，於是願意給予讚賞。

工作表現維持中庸的人不會遭受惡評，但換言之，也無法獲得更高的評價。

人們看見超乎自己想像或期待之外的表現時，即會認同對方付出的努力。

別只是維持「差不多就好了」的態度，請展現「無論如何都想做好這件事！」的堅持。這樣一來，別人就會覺得「這傢伙意志如此堅強，應該會好好解決這件事」，或者「既然這麼有熱情，這件事就交給他發揮吧」。

有時候，也要放下「不知道能否得到認可」的不安，全心投入在工作上——這件事相當重要。

當一個人全心投入某件事時，旁人眼中的他將會非常耀眼。

比如我們在學生時代時，不是都會去偷看暗戀對象參與社團活動的模樣嗎？又或者，獨自加班到深夜的同事，孜孜不倦的工作模樣是否相當迷人？

上述的案例當然有吸引力，但熱衷於「追求人氣」的人可就不是這麼一回事了。

「我很想完成這件事！」、「我喜歡做這件事！」、「我很想這樣做！」諸如此類的堅強意志都是驅使人類進步的動力。然而，如果做事的動機是「我想當萬人迷！」又會發生什麼事？大概只會收到一句「噁心」吧！

也就是說，**因為「想獲得某人認同」而生的行為舉止，在對方眼裡——講**

難聽一點就是「噁心！」

當然，我想也會有些人不會察覺類似意圖，還認為「這傢伙很優秀」就是了。

但優秀的人都能看穿這種意圖，因此這種急於追求他人認可的人，最終都難以如願。

世界其實是公平的

創立微軟公司的比爾・蓋茲曾經說過：

Life is not fair, get used to it.

人生是不公平的，你要適應它。

我第一次看見這句話時恍然大悟，「真有道理！不愧是比爾・蓋茲！」幾欲鼓掌叫好。

不過，現在的我認為：**「沒這回事，這個世界其實是公平的！」**

舉例來說，假設你與另一個人在同樣的事情上有求於人。

對方用「我沒有時間」直接拒絕你，卻告訴另一個人「好吧，真拿你沒辦法……」然後答應了請求。

「看吧，世界終究還是不公平！」

我知道你馬上就想這樣大喊了，但請稍等一下。

試問，這個例子的拒絕與接受之間，差別究竟何在？

答案就是**「平時的作為」**。

如果這個尋求幫助的人，以前曾幫過你解決棘手問題，那就算你有點忙，應該還是會願意了解對方的困難吧？

相反的，如果對方過去對你的求助總是視若無睹，直到自己遇上困難才來找你，那麼你大概不會想理這個人。

如果你有在看NHK電視台的大河劇，你會發現裡頭有許多類似的案例。事情發展到緊要關頭時，未來發展的依據就是昔日所累積的恩仇。結局總是從前常施恩於人的武將會得到最多盟友，最終戰勝沙場存活下來。

也就是說，人們做決定時不會只考慮當下的狀況，過去的言行也是判斷的標準。

認同一個人努力與否也是同樣道理：**除了實際努力之外，還得在平時自然而有效地推銷自己，這兩者的總和才是你能否獲得他人認同的關鍵。**

說得極端一點，就算實際貢獻並不多，但只要注意聆聽他人說話，別自顧自地高談闊論，讓對方對你產生興趣，你的付出就會自然彰顯出來。過往的努力也能獲得他人大方讚賞：「這傢伙一直很努力呢！」

相反的，假如你到處吹捧自己的理念和事蹟，即便你的付出確實比別人更多，也只會淪為眾人刻意疏遠的對象，沒有人會認同你的努力。

所以，為了讓自己的努力獲得理解，或者說，為了讓自己的努力不因為「難獲理解」而白費，我們必須學會更「有效」的表達方式。

實際上，「認真努力」＝努力＋把這份努力確實傳達出去。

如果你的「認真努力」沒辦法有效傳達，絕對不是因為世界不公平，**而只是因為你傳達得不夠好，或者傳達的方式有問題。**

你還不相信我嗎，別再折騰自己了！

捨棄歐美式自我行銷法，馬上減少90%工作壓力

在工作上，你最注重以下哪一件事？

在時限前完成工作？
避免犯錯？
創造嶄新的想法？

據我推測，**「還是先求與大家和諧共事吧！」**才是多數人真正的心聲。

說起來相當無奈，日本人寧可放棄工作成果，也不願打壞人際關係。因此，有非常多人將大部分精力都耗在人際交往上，投入工作的心神反而較少。

「將自身努力呈現給外人理解」說起來很單純，但我認為，如果文化環境不同，那做法也會各有差異。所以我先前提到「自我行銷≠自顧自地高談闊論」的原則，應該說是高談闊論的做法「不適合日本人」。

在歐美國家，每個人都很有主見，談起戀愛時總是積極主動。而在日本，就結果而言，這種以自我為中心建構起來的人際關係相對容易失敗，也較難維持長久的情感關係。所以**在「以自我為主」的文化中，人際關係有其專屬的解**

決方式（日本人若到海外討生活，了解歐美的表達方式是相當重要的事）。

舉例來說，你在國外購物時，是否內心感到某種難以言表的不對勁？服務員不僅在工作時間聊天，態度還相當惡劣，而且時常有插隊的狀況——隨處可見這些不可能在日本出現的場景。你是否親身遭遇了這些事情之後，內心相當疑惑？

然而，對該國的人民來說，那些事情司空見慣，根本不可能一項一項提出來檢討。

說到底，**一項合適的原則，必須符合該群體自身的標準才會成立**。傳達自身努力的道理也相同。歐美人士早已習慣自我中心的表達方式，所以高談闊論對他們而言並無不妥，但如果在日本這麼做，後果可不只是「不妥」這麼簡單。除了有人會在背後說閒話，甚至會破壞了日本人最注重的「與大家和諧共事」這條不成文的規則。

日本人並非不擅長積極主張自我，而是不想這麼做，這正是「善惡一念間」

的美學文化體現。因此，本書所述——讓對方自然察覺自己努力、付出的**「吸引式自我行銷」**，會比始終不停展現自己的「強迫式自我行銷」更容易執行，也更能獲得他人的認同。

日本人擅長迂迴婉轉地表達訊息，本來就不是一針見血的類型。因此，目前本書提及的方法：「吸引式自我行銷」——不堅持談論自己，引導他人對自己產生興趣，之後便可順其自然帶出自己的努力與付出。這種方式對日本人來說比較容易上手。

另外，**透過這種方式傳達自我的努力，既毋須與他人競爭，也不用踩著別人往上爬**，自然能與周遭的人建立良好關係。

如此一來，佔據工作壓力90％之多的人際關係問題也能迎刃而解。

第一章 重點歸納

- 他人對你的理解最多只有40%
- 關於自己的事，必須由自己努力傳達出去。
- 不適當的自我行銷，做愈多愈無法讓人看見你的「認真努力」。
- 把自己的付出說出口會造成反效果。
- 自我行銷就是「讓對方對你感興趣」。
- 想獲得他人理解，先試著坦承自己的弱點。
- 用「欲擒故縱」抓住對方的心。

【第二章】

建立「什麼都不做，卻能莫名討人喜歡」的習慣

如果「獲得他人理解的方法」會造成你的壓力，
那麼做起來也只會有反效果。
為了討人喜歡，我們需要讓自己輕鬆一點。
現在讓我們開始學習這些方法吧！

推銷自我必須日積月累，不能一戰定生死

讀完第一章，各位應該已經了解，讓他人理解自己努力與付出的必要條件，並非「堅持己見」、「能言善道」或者「過度積極」。

請保持自己真實的樣貌，你需要改變的只有傳達的方式。

請參考以下方法：

- 不使用過於直接的語彙。
- 從頭到尾都婉轉表達。
- 順應情勢自然呈現。

這些都能夠幫助你更順利獲得理解。

此外，若想創造讓對方主動提問的時機，就必須先專注傾聽，對方才可能

注意到你的「認真努力」。**想讓自己的付出獲得認同，平時的累積才是關鍵**。

你或許會想：「我希望自己的努力可以馬上被看見！」但這件事情沒那麼容易。

自我行銷無法一戰定勝負。你必須在日常生活中不斷重複傳達，直到關鍵時刻發生，你的努力自然會在他人心中留下深刻印象。

在此我要推薦各位一個有用的好方法。

任何小事都行，請你每天花三十秒跟周遭的人互動。關鍵在於，每一天都要去做。

比方說，你可以暗自下定決心：「我每天都要跟這個人說話。」但這個意圖請別讓對方發現。請保持態度自然，「今天的領帶跟以前很不一樣呢！」像這樣，若無其事的搭話也是一種方法。或者，你如果不太擅長評論他人的外觀，「今天好熱啊！」這種天氣的話題也行，「最近很多人感冒，家裡的小孩還好嗎？」像這類的問候也很不錯。每天持續不斷，對方就會意識到你的關心，自然能感受到你所付出的努力。

除了每天打招呼問候之外，也可由我方先向對方釋出認同。最好的做法就是認真傾聽對方說話，如此一來能創造「讓對方想要說話」的氛圍。這也是需要平時累積的重要功課。

或許相當費工夫，但我認為，**在這個殘酷的時代，這絕對是求生存必須付出的努力**。

對於擅長自我行銷的人而言，這些累積的功課早已習慣成自然。在這一章，我會把自我行銷高手平常在做的事與習慣一一介紹給各位了解。

習慣1

「點到為止」，激起對方的好奇心

一流的業務員，絕不把自己的長處掛在嘴上。

「我這個人啊，只跟大企業做生易的～～」

我每次遇見這種自滿的人，都覺得相當可惜。

那麼，自我行銷高手都如何展現自己的優點？

「啊，前幾天我跟〇〇公司的董事剛好也談到類似的事。」

答案是，**隨著談話的進行，順應情勢「點到為止」**。此處的〇〇公司是一家大企業，而該董事理所當然也是非常能幹的生意人。

像這樣若無其事地帶出話題，對方的腦中自然會浮現「能跟那樣的人見面，這個人想必也很厲害吧？」如此想法。

只是一句簡單的話，便能確實傳達過去的工作實績。若事先多準備幾個適合鑲嵌在對話的這種關鍵詞句，也是一種理想的做法。

感情不也是這樣嗎？

如果你驕傲地對喜歡的人說：「人家都說我很有魅力唷！」這樣毫無疑問，絕對無法把魅力傳達出去，反倒會遭冷眼看待，讓對方產生「這傢伙怎麼回事……」的想法。

唯有自己不提，對方才會想要探究你的事情，千萬不要說：「我這個人很受歡迎的。」而要想辦法讓對方自行提問：「以前都跟哪一類型的人交往？」在對方表現好奇之後，最重要的就是「點到為止」。

人家問你「以前都跟哪一類型的人交往？」時，只要回答「嗯～～能懂我的笑點的人吧……」，**保持曖昧，透露一點點訊息就好**。如此一來更能引發對方的興趣：「那你的笑點走哪條路線？」促使對方多問一點問題。

當時我是從臉書發現這個「點到為止」的技巧。我一直以來都把臉書的操作視為商業用途，雖然偶爾也會在上面開開玩笑，但我一直很注意，不在臉書上透露任何關於「我是一個什麼樣的人」的訊息。我有時候也會想發表一些與孩子的對話內容，但因為隔天還要「出門搭訕」，所以又先把這件事放到一邊了。不想透露太多私事其實有很多理由，「點到為止」就是其中之一。

常常有臉書的粉絲問我：「馬場先生，你究竟是一個怎麼樣的人呢？」老實說，這就是我的目的。

或許他是個很陰鬱的人吧？果然就是個花花公子吧？——我刻意營造模糊的形象，就是為了留出讓人想像的空間。

一個人只要開始對你有所猜測，就會產生探索的欲望，而下一步就會想要開口詢問關於你的事情。

順帶一提，我臉書上的按讚數其實不多，但它為我創造了大量的客戶，獲利比從前上班族時代高出五倍以上。

習慣2 以「對方的語言」溝通

若想順利獲得他人的認同，**「語言一致」**至關重要。

如果對方只會說英文，你卻跟他講日文，那不論內容多麼動聽都無法傳達。同樣地，如果你只懂日文，卻身處在一群說英文的人當中，這時只要有人懂日文，哪怕是隻字片語，你們也能瞬間拉近距離。

以上例子是有些極端，但事實上，就算彼此都以同種語言溝通也會有類似狀況。

我以前也有過牛頭不對馬嘴的經驗。

當時我提供簡報資料給一家汽車公司。我對自己的簡報信心滿滿，暗自認定客戶一定會非常滿意。

結果，他們直接把我的簡報退回。我詢問對方是否哪裡出了問題？得到的回應如下。

「我們不會用Vision這個詞，也沒看過有人那樣用。我們無法對那種寫法感同身受，激發不了鬥志。」

對方回應我的語氣相當嚴肅。這是因為我在簡報中多次使用「這個Vision……」的表達方式。

確實，對方在合約裡完全沒有使用「Vision」這個詞，而且幾乎也沒有人會把「Vision」轉換成日文的片假名使用。

我至此才恍然大悟，於是開始認真思考對方的習慣用語，重新再將報告修改一次。之後，我把「Vision」這個字改成「未來預想圖」，但其他內容保持不變，再度將報告提交給那位客戶。

你猜，結果如何？

「真是太棒了！想去唱卡拉ＯＫ了呢！」

對方非常非常滿意（笑）。

就算內容相同，但只要找到合適的用詞或語句，也能有全然不同的評價。

必須在眾人面前開口的狀況也是一樣，例如主持會議或上台簡報。不斷在報告中夾雜商業英文的人，可能認為這樣能讓自己顯得更加能幹、優秀。但這樣做可能會使聽者困惑——「Faith? Protocol? Scheme?」。真正優秀的人，應該要使用對方可以理解的語言來發表談話。

我說的「語言一致」就是這個意思。平時在對話中，可以多多留意對方表達時習慣用什麼樣的語彙。

時常提到「夢想」的人，或許會比較喜歡「人生」、「生活態度」等字詞；常把「效率」掛在嘴上的人，則或許偏好「業績成長」、「高生產力」等用語。只要像這樣把常用的詞語擷取出來，很容易就能了解對方的喜好。

另外，覆誦對方的用語也是我很推薦的方法。若是對方提到「懷抱夢想……」的話，你就可以說：「確實，擁有夢想的人成長得比較快呢！」談話便能在關鍵詞的重複使用下持續推進，如此一來，對方就會有「這個人很善解人意呢！」的想法，即可順利取得認同。

發現對方常用的詞語，並且收集自用——光是做到這一點就能拉近彼此距

離，公事也能順利取得進展。

習慣3 利用「1.5秒的停頓」和「自言自語」掌握談話

擅長傳達自身努力給他人理解的高手，也都很擅長傳達「這個人很專心在聽我說話」、「這個人對我說的話好像有興趣」的感覺給對方。

這樣一來，對方就會覺得「這個人似乎不錯」，「或許可以跟他一起工作」，最終因此獲得自我行銷的機會。

要讓對方感受到「這個人對我說的話深感興趣」，請留意一項關鍵要素：**對方結束發言後，請勿立刻接話**。

例如，對方問你「這款設計如何？」時，試問，聽完問題馬上說「啊，真的很棒呢！」與沉默片刻之後再表示「嗯……真的很棒呢！」你覺得哪一種回答比較有情感呢？

後者是不是會給人一種真的很棒的感覺？

雖然只有1.5秒的停頓（注意，太長的話不行哦），但這份沉默的「空隙」卻能使人觀感為之一變。

你如果以為快速回應代表腦袋靈活的話，那你就錯了。不論什麼問題都一樣，稍作停頓再回答，容易讓人覺得「這個人很認真在思考我說的話」。

所以說，就算心中馬上浮現出答案，也請等待1.5秒再說出口。

只要這麼做，對方就會感覺到「這個人真的有好好在聽我說話，而且還很認真在思考呢。」

比起說出適切的答案，「認真思考後才回答」給人的喜悅更為純粹，不是嗎？

當對方感覺「這個人很認真聽我說話」時，接下來就會反過來仔細聆聽你說的話，也比較容易釋出理解與認同。

此外，跟短暫停頓一樣重要的還有「低語」和「咕噥」。

尤其是上台報告這種單向的表達，說話不如流水般順暢其實無妨，加入一點「低語」的效果反而會更好。心理學研究也證實，比起一成不變的語調，適時的停頓、低語確實更能讓聽眾的注意力集中。

與人交談或回答問題時，偶爾咕噥一下效果會很不錯。

「**交談就好比音樂**。比起從頭到尾都完美的演出，略帶即興的爵士樂更能打動人心。交談時偶爾用咕噥與低語打亂節奏，可創造出不錯的效果。」

「為什麼你會這麼想呢？」

「那個……嗯，你為什麼會這麼想呢？」

比較這兩種問法，後者是否給人感覺更加發自內心？

這正是「低語」和「咕噥」製造出來的情感效果。

我在第一章提過「『能言善道』有礙『自我行銷』」，單向溝通技巧高超的人並不會讓人有「好想跟他聊聊」或「好想請他幫忙」的感受，唯有兼具適時的停頓與韻律感的對談，才能捕獲人心。

習慣4 讚美時善用「不帶評價」與「……」的技巧

讚美的技巧對傳達「認真努力」而言也相當重要。善於自我行銷的人在不獲認同時，與其怨天尤人，他們會選擇好好讚美對方。

如同前述，當你想傳達自身努力給對方時，必須先認同對方的付出。**若想得到類似「你真的很賣力耶！」的讚美，最好先由你來讚美對方。**

然而，這件事對於不習慣讚美的人來說相當困難。表現不夠自然的話，容易讓人覺得你高高在上，結果造成誤會，這當中的拿捏非常微妙。我們為了確實傳達自己的努力，必須好好熟練這項技能。我在此將傳授幾項技巧。

讚美他人時，別說「太棒了」或者「好厲害哦」這種你對兒女才會說的話。另外，我們面對自己喜歡的對象，也常會說「好可愛哦」或者「好帥哦」。

你可能會想：「這樣有什麼不對嗎？」不過，**這些用語雖是讚美，同時卻也是在審視、評價對方。**

當你說出「帶有評價的讚美」時，彼此就不是完全平等，而有了上與下的階級關係。

一旦衍生出階級關係，對方可能會覺得「我不想被你這樣說！」因而招致誤解。那樣的話，對方不但難以接受你的讚美，想藉此傳達自身努力也會難上加難。

如果你對鈴木一朗說：「你打棒球真的很厲害耶！」對方大概完全感受不到你的心意。

聽到這種帶有評論的發言，對方大概會想：你真的知道我厲害在哪嗎？

如果這樣表達，感覺又如何？

「因為您的關係，我才開始打棒球，我以您為目標成長了許多。」

啊，這真是太好了！——對方大概會有如此感受。這句話不包含評論，所以對方可以坦然接受你的讚美。

那麼，所謂「不帶評價的讚美」是什麼意思？

舉例來說，男生會想聽見女生用「第一次」這個詞。「這是我第一次來這麼棒的餐廳耶！」儘管這句話使用了「棒」這個字，但「第一次」的用法屬於描述事實，不會給人評論的感覺，於是容易獲得對方理解。

然而，想完全避開指涉評論的用詞依舊十分困難。

我在此想介紹的，是能**將所有「語帶評論的用詞」瞬間轉為「不帶評價的讚美」的「……」技巧**。

例如，公司的後輩提交報告時，你想給予讚美，於是當場說：「哇，很棒喔！」這就是語帶評價的讚美。

相反的，如果加上「……」，變成「……哇，很棒喔……」，那這樣如何？

是否有種情不自禁讚嘆的感覺？這樣一來，「很棒」的意思就不會被誤解了。

我經常使用這項技巧，已確實證明有效。請務必今天就試用看看吧。

另外，我還想告訴各位另一項訣竅。

你們有聽說過「溫莎效應」嗎？**溫莎效應的意思是：透過第三者傳達的資訊或傳聞，影響力會比本人直接傳達高出三倍的一種心理現象。**

近期有許多商品透過社群軟體的推廣，創造出火紅人氣。這也算是「溫莎效應」的體現。

讚美他人時，不說「○○○，你做事速度很快呢！」（這就是語帶評價的讚美！），而**轉述第三者的話來傳達，對方會比較容易接受**，例如：「○○○，聽△△△說你做事速度很快呢！」

請務必將「不帶評價」與「……」兩種技巧合併使用，如能養成習慣必會獲得豐碩的回報。

習慣5 設立小目標，自己的成果自己讚

根據美國心理學者布羅菲（Joel Brophy）的論文，學業成績優良的孩子較常出現用言語為自己加油打氣的行為。

例如，他們在考試中碰見困難的題目時，會對自己說：「加油，我一定能解決這個問題！」

換言之，**習慣給予自己鼓勵的人，自我肯定感較高，所以能快速成長**。這表示，將自身努力傳達給他人理解的動機會變得更大。因此這個習慣相當重要。

受到鼓勵總會令人欣喜，如果聽到有人說「加油，再加把勁！」做起事來也會特別有幹勁。但把這份期待放在他人身上的話，一旦沒有獲得鼓勵，很容易就會開始發牢騷：「為什麼連一句鼓勵的話也不願意說！」

獲得他人理解本來就非理所當然的事。**與其成天只想著得到鼓勵，倒不如**

自己每天肯定自己，感覺更紮實。

儘管「努力」最終仍須由他人給予認同，但只要養成自我勉勵的習慣，即可建立無人能夠左右的堅毅決心，堅持不懈地繼續奮鬥。在這個角度看來，布羅菲的研究也同樣合理。

話雖如此，還是有許多人不擅長鼓勵自己，對吧？自律甚嚴的人尤其不知道該從何著手。對此我想說：**多給自己一點讚美≠隨便讓自己放鬆**。

不是什麼厲害的大事也沒關係，不論多麼細微的小事都值得鼓勵。

養成習慣，每天早上告訴自己：「今天，我要給努力的自己一個讚美。」隨時做好自我肯定的準備。舉例來說，你可以下定決心：「如果今天能讓那個愛生氣的主管笑著跟我打招呼的話，晚上就用甜食犒賞自己。」再細微的小事都沒關係。

完全不需要有類似「這種小事根本沒什麼好讚美……」的顧慮，慢慢打破心魔的阻礙，培養出不論什麼小事都鼓勵自己「真棒！」、「做得好！」的習慣。

如此一來，自己不但能有更開闊的心胸，也更容易獲得他人鼓勵。

「我成功讓愛生氣的主管露出笑臉，這實在太棒了！」除了自我的讚賞以外，其他同事發現那位主管笑著跟他們說話時，難道不會覺得你很厲害嗎？（他們大概會想：「那傢伙是天才吧？」）

在自我讚美這件事上，預先設立目標相當重要。意思不是非得許下「完成某件大事的話就開香檳慶祝！」這種宏願，而只需看見自己一日一日完成小任務即可，例如「中午前把信件回覆完畢」或「準時到幼稚園接小孩」等。時常讚美自己的人不但臉上會有更多笑容，也更容易發揮自身潛能。

習慣6 在低潮中找到力量

一個人的狀態有如浪潮，每天根據身體與心情而有所變化，有潮起也有潮落，士氣不振的低潮在所難免。不過，**一旦消沉時間拉長，人們就會開始進行自我分析**。

狀態不佳時，我們通常會深入思考「是不是哪裡出了問題……」，而多半都是負面質疑。結果因此士氣變得更低落，難以重振精神，更不可能讓周遭的人感覺「這個人非常努力」。

不僅如此，負面的分析會衍生出焦慮與不安，只會使你做出不恰當的努力與表現。我曾在第一章提到：「急於表達自己的『認真努力』，會造成反效果。」這些白費工夫的行為只會讓人對你敬而遠之。

那麼，擅於表達自己的人狀態不佳時又會如何應對？

他們會盡可能平淡處之，**先將低落的情緒放置一旁，保持心情平靜持續工作**。所以他們只要過了低潮，能馬上找回感覺順勢往前邁進。

另外，他們也會進行正向的自我剖析：「當時究竟是哪一件事才使我陷入低潮？」冷靜找出事發原因。只要重複訓練這項能力，不論起伏有多大，都能保持安定與平衡而持續努力。

失敗的時候，你是否會如此告訴自己：「嗯，就當做學一次教訓！」然後勉強自己繼續前進？

我明白這是一種鼓勵自己的方式，雖然可以理解，但這並非我所描述的正向思考。**在一定程度的失落中慢慢尋得前進的力量，才是健康的恢復方法**。一個人如果陷入消沉以後就不再振作，那麼他的言行舉止會從此受到影響。

愛迪生曾說：

「我從來沒有失敗過，我只是發現了一萬種行不通的方法。」

「這不叫失敗，我是成功了發現這些方法行不通。」

聽到這些話時，我心想：「絕對是謊言！若是真的就太變態了！」

我相信，愛迪生也曾歷經失敗的沮喪而一度消沉，但為了讓自己再度振作，他才講出這些名言鼓舞自己繼續向前邁進，不是嗎？

不要勉強自己振作，接受你的失落，等到心情慢慢恢復後，再開始以正向思考來進行自我剖析。我認為只要妥善處理低潮，自然能找回努力的動力。

習慣7 將怒氣轉移到「物品」上

在工作上，總會有因別人出錯而引發大問題的時候。遇上這種狀況總是令人想抱怨，大叫：「這不是我的錯！」對吧？

有許多心靈勵志的書會告訴讀者：「請將生命中發生的每一件事視為自己的責任並接受它。」然而承受一切是非常辛苦的，而且，當一個人面臨如此壓力，就算想好好努力卻也是力不從心。

這種時候不須忍耐，沮喪也沒關係。像正常人一樣紓解壓力，你的心情就會漸漸好轉，表現也會安定下來，自然能找回原初的自己。

我想介紹的方法叫做**「轉移怒火」**。

直接指責他人的話，只會造成傷害且破壞彼此的關係，別這麼做——請將責任怪罪到無關痛癢的「物品」上。

這件事發生在我獨立創業前任職的那間公司。

當時，我事先一再提醒助理要「小心謹慎」，但他最後仍然誤傳郵件，造成很大的問題，給公司添了許多麻煩。我後來向社長請罪時，他跟我說：「這個紕漏真的很大喔。我猜，你現在心裡一定很生助理的氣，所以我要教你一個轉移怒火的方法。樓下有台自動販賣機，販賣機旁有根電線桿，你去找那根電線桿，把所有的錯都怪到它頭上。」

這個方法的核心在於，不論你多麼正向思考，只要腦中仍把錯誤歸咎在自己或他人身上，就很容易做出破壞彼此關係的行為。關鍵在於：**把那份人性裡的情緒完全發洩出來**。如果只是為了做到這點，那麼乾脆把怒火發洩到無關痛癢的電線桿上吧！

我立刻衝到電線桿旁邊，持續吼了大概五分鐘：「都是你的錯，我明明說要注意了！別只是傻傻站著啊！混帳！」

我猛然驚覺自己清醒了許多，整個人也平靜下來。之後，我對出錯的助理始終保持微笑，溝通時一如平時清明的自己。

重點是：**給自己五分鐘，找一個無人的場所，將怒火發洩到無關緊要的物品上頭。**

假如你直接斥責當事者，很可能因為情緒高漲而口無遮攔，讓人際關係惡化。甚至，對方可能會對其他人抱怨這件事，依照前述的「溫莎效應」，最終傳開的內容會比你當初所說的嚴重數倍。

因此，有必要找一個不會受傷的對象，到一個沒人看得見的地點發洩。

我個人偏好布偶。我在辦公室中擺了一個白熊布偶，每當發生事情就對著布偶發洩情緒。

這是一種不會給人添麻煩的情緒發洩法，可以的話請務必嘗試看看。

習慣8

意見不合時，「1.5倍的共鳴」是最好的回應

在會議上發表意見正是傳達自身努力的好機會，也因此，我們總想完整陳述自己的想法。在這種狀況下，如果見解與他人不同，你會怎麼做呢？

你會敵視對方，死命捍衛自己的想法嗎？

舉例來說，在飲料廠商的一場企劃會議上，眾人決定二選一，以水或日本茶當做新產品。你內心想著：「絕對是日本茶！」不過，卻有人自信滿滿地表示：「沒什麼好考慮的，當然選水囉！」

這時候，你如果回應如下，會發生什麼事呢？

「水實在了無新意，毫無衝擊性。讓我們用美味的日本茶來搏得世界關注吧！」

否定對方推薦的商品，堅持自己的意見。

這樣做會激怒對方，別說接受你的想法了，或許還會發生爭執。

那麼，你如果用這種方式回應又會如何？

「有道理！水在這個時代確實是必需品，追求健康的女性每天要喝兩公升的水，也有許多人按照喜好選購軟水或硬水。現在不只辦公室，許多人也會在家裡放置儲水箱，看來水在今後會更加受重視。」

說出你與對方有所同感的想法。

重點在於，以「1.5倍的共鳴」給對方回饋，顯示自己非常理解此項商品的優點。

這樣一來，對方就會覺得：「這個人似乎真的懂得我的想法，那我也來聽聽看他的意見。」

此時，你就可以繼續接著說：

「不過，這次我認為選擇日本茶比較理想。我有幾項考量，包括……」

讓對方心平氣和地傾聽你的想法，比較容易得到接納。

想讓周遭的人接納自己的意見，首先要做的是「不否定他人」，此外，再

以「1.5倍的共鳴」回應。這正是讓自身意見獲得認同的最佳捷徑。

習慣9 以「善意」回應「敵意」

職場上總會碰到有人酸言酸語、嫉妒，或是明爭暗鬥的狀況（但如果你平時品行端正，直接跳過這個部分也無妨）。請問各位被捲入類似的風暴時，會如何處理這些事？

是默然無視、跟對方講道理、以牙還牙，還是乾脆借酒澆愁忘記一切？

這類方法有很多，卻都無法阻止對方對你抱持的敵意。為什麼呢？**因為我們顯然無法控制別人的情緒**。

但別輕易放棄，他人若是對你抱有敵意，我方的努力就難以獲得理解。我在此要介紹一個能完全終止對方敵意的方法。

首先，對你抱持敵意的人不論是散播謠言、批評、否定，其心態有九成出於妒忌。也就是說，對方其實對你是有興趣的。如果他對你完全沒興趣，絕對不會特別花時間去討厭你，甚至還付諸行動。

「什麼嘛，原來這麼在意我啊！（冷笑）」能這樣想的話，你的立場已經略勝對方一籌了。

以下這個例子，雖然其中的情緒還稱不上是敵意，卻是我處理這種「雜音」的最佳典範。案例的主角就是人稱「國王」的職業足球員三浦知良。

滿五十歲的三浦選手，至今仍是日乙聯賽的現役球員。前陣子，知名棒球評論家張本勳對他公開喊話：「趕快辭退吧！」引發相當大的爭議。

三浦選手不但沒生氣，反倒向對方致謝。「我把這句話當成鼓勵，要我更積極，我認為這是『你如果夠本事就不必退休——你能讓我對你說出這句話嗎？』的意思。」如此回應真是帥得令人頭皮發麻，對方大概難以反駁了吧。

另外一個例子是鈴木一朗選手。他以美日通算的四千兩百五十七支安打，超越大聯盟紀錄保持人「安打王」羅斯（Pete Ross）的四千兩百五十六支安打。

羅斯聽聞後立刻否認：「只有在大聯盟打出的安打才算數。」

輿論沸騰一時，一朗選手本人則坦言：「說真的，我還滿開心的。」對於這位「安打王」捍衛自身紀錄的舉動，一朗表示：「我認為這是對我的認同。」

於是大眾對一朗選手的評價再度提升。

「我自己也有過類似經驗。當認定某人不如自己時，你會給予善意的讚美。只有在認為此人的程度與自己相當，甚至有可能被超越的時候，你才會攻擊對方。」

一朗選手解釋：羅斯先生會作此發言，正因為他覺得我一點都不比他差，認同我們的水準不相上下。這實在是太帥了！

讀者今後若是遭受他人批判，請務必以三浦選手和一朗選手為楷模。**將眼界提高，便能從容應對**。

怎麼樣，心情是否有好一些呢？

不過，這麼做只能讓自己不再鑽牛角尖。接下來我要介紹給各位的，才是

「讓對方不再有敵意」的技巧。

別人對你發出敵意時，請不要以牙還牙，反而該用善意回應。

「你這傢伙只會唱高調，光說不練！」別人對你講這種討厭的話時，你不論沉默不語，或如此反駁：「沒這回事！我先前也有提過很成功的企劃案！」都只證明你無法妥善控制自己的情緒。

善於自我表達的人一旦碰到這種狀況，會回答「是啊～～」姑且用微笑迴避攻擊，接著再表示「所以每次善後都很辛苦……我知道這是我的壞習慣……」將對方的敵意承接下來。

這與先前提到的「1.5倍共鳴」是同一種策略。

「1.5倍共鳴」的意思是：不急著否定，反而提出更多優點來贊同對方的想法。也就是說，在上述狀況中，你可以表現出非常了解自己個性的模樣。

「我這個人呀，老是喜歡把話講得很好聽，卻不一定做得到……（吐舌笑）」

一旦你坦然承認，對方大概會「啊，啊，是啊……」而再也說不出話。

緊接著再補上一句：「讓您有如此印象真的很抱歉。以後我會特別注意這件事，也請您未來不吝指導。」——我了解自己有「唱高調」的壞習慣，但讓我一向尊敬的您留下這種印象，我還是非常沮喪，很感謝您將這麼難以啟齒的話講出來指導我。

用善意回應敵意，對方將難以繼續苛責。

如果對方懷抱敵意，那麼你不論有多麼努力，他都無法察覺。因此，為了確實傳達出自己的付出和努力，請儘早消除對方的敵意。

習慣10 改掉說話的壞習慣

「抱歉，我現在沒時間。」

很多人會把這句話掛在嘴上，不是嗎？

但很遺憾，**這句話會在你傳達努力前，就讓他人選擇與你保持距離。**還有其他若干口頭禪皆屬壞習慣。

以下的例子，是我為某企業老闆提供教練諮詢時發生的事。這個人在約六十分鐘的面談時間內，總共說了十八次「沒時間」（只要某個詞彙被使用超過兩次，我就會開始計數）。

我告訴對方這件事，他回答我：

「你真是一語驚醒夢中人。不過仔細想想，我當初應該是故意把『沒時間』掛在嘴上的，因為這樣就能防止一直有人丟麻煩事到我身上。」

理所當然，他沒有半點惡意。他身為一個老闆，需要繁雜的事務，因而不堪忙碌，或許這就是他確保自己能專注工作的處世之道。

儘管如此，老闆必須大量聽取員工的報告，並討論出對策，才能掌握決策的正確時機。他希望成為優秀的經營者，但他的行為只會有反效果。

我因此提出建議：既然你今天意識到自己有「沒時間」這個口頭禪，可以的話，能否盡量改掉它？

你們猜，接下來事情如何發展？

一個月後我們再度碰面，他對我說：

「馬場教練，我已經不需要諮詢服務了。在合約結束以前，我們就固定一起去喝酒，你看如何？」

他說效果非常好，已經沒有諮詢的必要了。

實際上到底發生什麼事？他說，當他一改掉「沒時間」這句口頭禪，秘書馬上說：「最近社長發生什麼喜事嗎？換了個人似的，變得很容易講話呢！」除此之外，部屬也都紛紛跑來與他商量事情，同時也成功開發多項新的專案計畫。

只是改掉一個口頭禪，工作氣氛就煥然一新，自己因而獲得好評。

習慣11 用「天使口頭禪」營造出親切感

你原先可能以為口頭禪只是微不足道的小事，但現在應該已感受到它的巨大效果了吧？

我在此介紹幾句能自然搏取人心的**「天使口頭禪」**給各位。

我不論是與人當面交談，或在部落格、臉書上發表文章，都經常使用「天使口頭禪」——「更加」、「或許」以及「方便的話」。沒錯，全都是不把話說死的「曖昧語」。

當然，對方在某些時候會需要有篤定的答覆。但在工作時與人交談，基本上留點模糊的空間會更理想。**過於篤定會讓人不自覺想反駁**。於是氣氛變得緊繃，彼此的關係也懸於一線，我想各位多少應該都有過這樣的經驗。

表達意見時，若能用「天使口頭禪」將內容些微曖昧化，例如「這種狀況，或許有可能發生。」對方應該會比較願意接受你的想法。

能給人積極印象的語彙如「更加」，也是「天使口頭禪」之一。為了讓各位看見效果，我編造一段美妝師「BAKKO」的自我介紹當做例子說明。

❖例一

「你們好，我是美的傳道師BAKKO。今天我要來教大家變漂亮的方法。」

❖例二

「你們好，我是美的傳道師BAKKO。方便的話，今天讓我來教大家變得更加漂亮的方法。」

聰明的各位都懂了吧，例二的自我介紹是否感覺比較好呢？沒錯，正是因為其中加入了「更加」與「方便的話」這兩個「天使口頭禪」。

例一的方式，可能會讓人有「現在是在說我不漂亮嗎！？」、「你哪位？」

等不滿情緒。

例二則會讓聽眾覺得「我現在也還不差，不過如果能變得更漂亮的話……」、「這個人很謙虛呢，應該不是什麼壞人吧……」，也因此會更樂於接受我方的意見。

從結果看來，例二的介紹方式比較能抓住人心，藉此提昇後續自我表現的效果。

不過若是抽去了「天使口頭禪」，給人的印象將會有大幅改變。

例如，主管對部下說：「你怎麼一副死氣沉沉的樣子啊！」這樣會使對方更焦慮，更提不起精神。

相反的，只要加入「更加」就會有所改善。「你啊，要更加努力喔！」、「你啊，更加努力些就沒問題了！」換個方式表達，部下的心中會想：「主管對我有所期待!?」不僅有了正向積極的感受，幹勁也因此獲得鼓舞。

只要將「天使口頭禪」帶入談話，給人的印象會有明顯的轉變。

儘管陳述的內容相同，談話氛圍卻能大大影響訊息傳遞的效果。充滿善意的和諧氛圍，還是戰戰兢兢的緊繃狀態，何者的效果比較好？我想各位心中都有答案了。多多使用「天使口頭禪」，即可營造利於自我行銷的氛圍。

職場獲取認同三原則1
「立刻去做！」

假如你現在正準備向客戶下訂單。

即將簽合約時，對方說：「嗯……預算需要再研究，時間也有點緊迫……我回公司向主管報備之後，再與您聯絡。」對於這樣一個**拖泥帶水的人，很難讓人爽快地說：「成交！這件事就交給你了!!」**對吧？

相較之下，如果對方表示「請稍等，我先粗略估算一下好嗎？」接著立刻拿出筆記型電腦開始作業，並在處理好之後再次尋求我方的意見。這樣的人是否感覺比較能幹？

而且這種方式還能營造出「共同奮鬥」的氛圍，雙方都會變得更有鬥志。不要推延時間，就連五分鐘、十分鐘也一樣。請在接受訂單的當下談妥各項具體條件，如此不僅能避免產生誤解，更能將工作順利推行。

打電話開發業務也是同樣道理。業務員厲害與否一看便知，沒有效率的人在打電話前總是顧慮甚多，一下子改變內容，一下子又調整時程。

我也有電話開發的經驗，說起來，要成功約到面談非常困難，有時甚至連電話都打不通。因此，一定要盡可能一直撥電話，煩惱只是浪費時間。

如果你拿著話筒猶豫不決，旁邊的人看到大概會心想：「那傢伙到底在幹嘛，趕快打電話不就好了……」相反的，如果你看起來精力充沛，打了很多通電話，大家都會認為你非常努力在開發業務。

順帶一提，樂天企業關於成功的五大理念的其中一項就是：

「速度!!速度!!速度!!」

樂天能夠成長至如此規模，這項原則勢必功不可沒。這是個瞬息萬變的時代，速度是商業戰場上十分重要的關鍵。

我認為，**只要有60％的把握，就得立刻付諸行動**。「60％GO！」也是敝公司的理念。

你如果沒有抱持「沒踏出這一步就會出局」的覺悟，競爭者很快超越你，屆時不論你多麼努力，旁人都將難以感受到。你的付出因而無法獲得認可。

「立刻去做！」能幫助你的評價三級跳。說得誇張一點，就算只有最一開始這麼做也沒關係，因為第一印象最為深刻。請各位在踏出第一步時，嚴守「立刻去做！」這項原則。

職場獲取認同三原則2

「融入角色！」

「立刻去做！」之後，下一步在於**「融入角色！」**

當年，我連「Coach」都不知道怎麼寫，在完全沒有工作資歷的狀況下，幸運地進入日本唯一的教練公司任職。

但還來不及開心，等在我眼前的就是「在兩個月內，找到十位超過五萬元的客戶」的試煉。

這是個嚴苛的領域，我如果無法完成這件事就會立刻被人取代。當時除了我以外的其他人都是超級菁英，大家都有豐碩的背景資歷，這種業績要求對他們而言根本是小菜一碟；而我一無所有，教練專業沒有所謂的教科書，當然也沒有人會給我指導。在這種狀況下，竟然要求什麼都不懂的我：你非得找到客戶簽約不可。

「這太強人所難了。」

我直接跑去找社長商量這件事。我的社長著書甚豐，是日本教練業界的先驅，也是我畢生最重要的恩人。我從他身上學到非常多事情。

他告訴我：

「那你說說看，你要怎麼做才能成為一位教練？」

「我至少還得好好學習一下教練的技巧……」

「如果想了解教練工作的真諦，**那只有『融入角色』了**。這就是我一直以來的技巧，難道會有其他更重要的條件嗎？」

他就是在那個時候傳授「融入角色！」的技巧給我。

確實如此，教練工作沒有一定的步驟，也沒有絕對正確的方法，而必須單獨與客戶面談，針對不同問題予以適當指導。我手上唯一的武器，就是印有公司名稱的名片。

「Coach A」是業界最頂尖的教練公司，而我的名字與公司名稱印在同一張名片上——這表示，我在世人眼中是業界最頂尖的教練，我非得要有對得起這個頭銜的專業不可。

不可思議的事情發生了，我假裝自己是頂尖教練硬著頭皮打電話，結果真的馬上成功拉到客戶。**當你融入角色時，自信會自然流露，因此能獲得相當程度的信賴。**當然，大半功勞還是得歸於公司的響亮名號。

我與客戶見面時，同樣徹底融入我的角色。

當年我二十五歲，客戶總是驚嘆「太年輕了吧！」，但他們並沒有因為年紀而小看我。為了扮演好一個頂尖教練員，我總是自信滿滿，面談全程都帶著微笑。結果，我總共拉到二十位客戶，比最初設定的目標高出一倍。

「融入角色」並非虛張聲勢，也非優越自滿，而要從中發現自己依舊不足的能力。

我拜訪客戶時卯足全力扮演頂尖教練，但每次面談結束後的回家途中，我總是大汗淋漓。我很清楚自己的不足，接著被迫切的危機感所淹沒。但為了生存下來，我開始拚命學習教練技能，一年間廣泛涉獵約七百本書，才終於建立起自己的教練風格。

我認為，**「融入角色」的能力不僅能加倍提升自我實力，也能讓他人看見自己的努力與付出**。多虧這個技巧，我才能以史上最快速、最年輕的身份取得國際教練聯盟的認證。

當然，我現在也正在努力融入「世界第一教練」的角色。

職場獲取認同三原則3

「保持快樂的初衷！」

我曾在電視節目上看到，前巴西國腳羅納度發言激勵阿根廷的梅西。

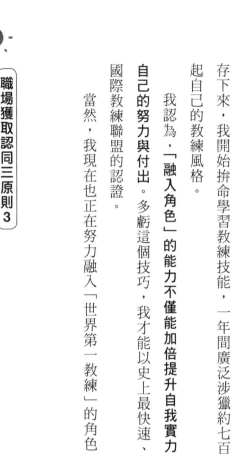

他當時如此說道：

「你現在背負了大眾期待，賺了大筆財富，一定承受著諸多壓力。我也曾在相同的環境當中，在那個狀態下，我漸漸感受不到足球帶來的喜悅。然後，我發現自己的表現開始變差。我之所以反思過往，是希望你別受到這些事影響，永遠別忘了快樂才是你踢足球的初衷。」

聽到這些話語，我不禁點頭如搗蒜。

沒錯，**失去快樂表現就會變差，相反的，保有快樂就能讓表現更好**。這個重點，是我給運動員教練諮詢時的深刻體會。

各位在學生時代應該也有過類似經驗吧，自己喜歡的科目是否成績特別好？學習如何在工作中保持快樂非常重要，這也是一項技能。

職場上當然不可能所有事都稱心如意，儘管如此，我認為工作能否快樂全憑自己的想法而定。

各位請回想一下超級瑪莉兄弟這款遊戲。假如遊戲中沒有怪物，也沒有障礙，只要不斷按B鍵猛衝就可以破關，這樣好玩嗎？應該是非常無聊吧！我們之所以能得到滿足與成就感，正是因為通過了層層障礙與強大的敵人。

這個道理也適用於工作。**解決問題與麻煩是達成目標的必經之路**。這是屬於你的故事，而故事本來就有高潮迭起——這麼想的話，是否就能積極向前努力了呢？

對大部分人來說，去迪士尼樂園玩相當令人雀躍，絕對比去公司上班還要快樂，不是嗎？但先冷靜思考一下，如果你剛歷經失戀，或者家裡正在服喪，這種狀況下去迪士尼樂園還會開心嗎？

答案應該是否定的吧。我想除非你對迪士尼樂園異常狂熱，否則大概很難由衷感覺快樂。換句話說，**情緒狀態不佳時，就算身處容易快樂的環境也快樂不起來**，反之亦然。

你如果認定公司是一個痛苦難受、無法得到認同的地方，這件事就會成真；反之，若是保持態度正面，認定它快樂而值得努力，且能在此得到各種際遇、成長以及薪資，那你的心情就會大為改變。

不論場所在迪士尼樂園或者公司，不論目的是工作還是玩樂，快樂的關鍵點就在於自己面對事件時的心態與情緒。

順帶一提，**人不是因為快樂而笑，是笑了才感到快樂**。所以，你不想快樂的話做什麼都沒用，不過一旦決定要快樂，不妨露出笑容，你就能開始快樂。

下定決心讓自己快樂，我認為這是最重要的事。

那麼，我是如何保持快樂的呢？

為了讓各位體會「始終如一的快樂」，我在此提供一件事給大家參考。

我與客戶碰面時，並不會將自己轉換成「談生意」的模式。

為什麼呢？因為自己戴上面具之後，對方也會戴上面具，如此一來就看不見對方真正的想法，只能談及表面。

所以，不論我面對的人是多麼偉大、有多麼知名，我總是保持態度一致。

注意禮節，別戴上客套的面具，也別做超過能力範圍的事，在相處時適度展現人情味——這樣一來，與客戶交流時便能營造如朋友聊天一般的快樂。

我非常細心地琢磨客戶的一切，並不會只將客戶視為工作往來的對象，也因此工作時很有興致。

這是我為了讓自己享有「始終如一的快樂」而獨創的習慣。

再告訴各位一個做起來相當簡單的方法。

我稱之為「共享私人煩惱」。

舉例來說，如果對方是有年紀的人，那就跟他們聊「老夫老妻的相處之道」或者「親子問題」；如果對方是好相處的年輕人，就可以聊聊「如何與情人相處」或者「痔瘡破裂的痛苦」等話題。

如果能自然聊起這種共有的日常煩惱，對方就會摘掉客套的面具，進而拉近彼此距離。

快樂的人、工作時懷抱喜悅的人都特別有魅力，也容易使人產生「這個人很努力啊……」的想法。

能夠快樂，就能夠順利達成目標。

假如你想讓他人認同自己的努力與付出，別只執著在自我行銷的方法，本章所提的這些日常習慣才是提高效果的最大關鍵。

第二章 重點歸納

- 平時就要營造「適合傳達努力」的環境，如果等想到了才開始做，就已經太遲了。
- 想得到對方認同，就必須用「對方的語言」來交流。
- 藉由「停頓」與「有意識的節奏控制」來掌握談話的主導權。
- 精熟「不帶評價的讚美」與「……」的使用技巧。
- 就算是小事也無妨，請練習讚美自己。
- 用「善意」回應「敵意」。
- 三大重點：「立刻去做！」、「融入角色！」、「保持快樂的初衷！」。

【第三章】

不一昧追求，也絕對有效的「吸引認同法」

人與人透過溝通而有連結。
將溝通技能推展到極致，便能掌握人際關係。
只要懂得如何溝通，
不論面對的是何種「對象」或「環境」，
終究可以獲得認同。

確保對方接收到的是「你想傳達的訊息」

我在第二章提到，**推銷自我靠的是日積月累，絕非一戰定生死**。

跟你在同個公司工作的主管與同事，每天都會打照面，相處時間較長，彼此熟悉後較能看見你的努力，但這個方式無法套用在公司外部的人身上。

除此之外，像是升遷面談，或者初次見面就要談生意的狀況，都必須立即取得對方認同。

這種時候，就算你用平時在公司的方式來表達自己，還是會遇見始終難以理解、又不合拍的人。

在第三章，為了讓各位在面對「難以溝通的人」與「不利溝通的環境」時，依舊能得到對方認同，我要介紹幾種**更容易得到理解的表達方法**。

最重要的關鍵是：建構「容易被人理解的自己」。

人類相當複雜。不論你有多想獲得理解，一旦被他人認定「不知腦子裡在想什麼」，那即使相處多少年都無濟於事。

因此，千萬別把那個複雜、矛盾、容易招致誤解的自我顯露出來，只要傳達你想讓對方看見的自己即可。

為了做到這一點，你必須非常清楚自己傳遞出什麼樣的訊息。

你有把握對方接收到的，確實就是「你想傳達的訊息」嗎？

在我提供的教練服務中，有一個針對企業經營者而設計的項目「Executive Coaching」。與那些老闆見面時，我都會先提出以下問題。

「假如您的公司想達成某個業務目標，團隊中的哪些人是不可或缺的角色？請您列舉幾位。然後，請寫出你對這些人的印象。」

之後，我去找到這些人，請教他們身為員工對老闆的真實想法。我由此即可知道，老闆與下屬間是否有認知上的差距。

你猜結果如何？

雖然遺憾，但我得說結果總是很淒慘。

經營者都表示：下屬能對我吐露真心話，我也能傾聽對方的想法。但下屬卻經常認為：因為老闆獨斷獨決，內心想法總是會被駁回，實在難以說出口。

雙方認知的差距之大，絕對會讓每一位老闆萬分震驚。

你「認知中的自己」與「他人眼中的你」之間存在差距。

請確保對方接收到的是「你想傳達的訊息」

因為「他人如何理解你的訊息」比「你打算傳遞什麼訊息」更為重要。

我們為了避免他人誤解，必須建構一個單純而容易理解的自我。

不是改變自己，而是「調整他人眼中的自己」

在成為一個容易理解的人之前，你必須先了解對方到底接收了何種訊息。

因為就算自認「我就是這種人」，但你對自己的認知與他人眼中的樣貌仍有差距。

然而，這個問題你無論如何思索都無法自行找出解答，唯有請教對方。

換言之，**你需要他人給予意見回饋**。

自己在他人眼中是什麼模樣？與自己腦中所想呈現的有差異嗎？差距有多少？怎麼做才能縮小差距？詢問多一點人的想法，坦率接納意見，然後一點一點慢慢改善。

商業戰場上也是如此。**「成果」與「改善程度」成正比**。

世界級的商業顧問專家布蘭查德（Ken Blanchard）也在著作中多次提及回饋的重要性，收集愈多回饋就愈接近成功。

而了解自己在他人眼中的形象之後，便能將自己調整成容易得到理解的模樣。

不過為了避免讀者誤解，我要先強調，此處的「調整」不代表你得改變自己的本質。

保持真實的自我即可，你只是為了更容易得到理解而調整外顯的舉止。

改變本性有十足困難，也有許多人會抗拒這件事。所以我們不改變本質，調整的只是自己的視角，以及呈現在他人眼前的模樣。

你是否有感覺放鬆些了呢？

另外，你如果逢人就問：「請問你對我的印象如何？」或許聽起來有點怪，但此時只要用幽默化解尷尬，通常對方都會坦率給予回饋。

我還在前公司任職時就經常這麼做。

有新同事加入時，我過一陣子會去問他們：「最近還好嗎？」當他們回答：「啊，已經差不多習慣了！」我就立刻說：「不是哦，我是說我！你覺得我最近狀況還好嗎？」像這樣開玩笑般地回應。旁邊的人聽了會笑著說：哎呀，又再用這招啦……新同事也會表示：沒想到我們公司有這麼有趣的人。新人因此變得比較敢說話，同時我也獲得重要的意見回饋，真是個雙贏的方法。

可以的話，請你務必也試試看。

創造你的「10」——最直接有效的自我行銷

「這項工作，該交給誰負責才好？」當你在思考這件事，是否比較容易考慮到那些優缺點分明的人？

反過來說，如果是自己無論如何也想嘗試的工作。「請把這項工作交給我負責！」只要平常像這樣反覆爭取，機會出現時別人可能就會想到你：「這件事就交給這傢伙吧！」

想順利取得他人的理解，首先要讓他人熟悉自己。一個主管擁有很多下屬，就算他想好好了解每個人，也不可能確實掌握細節。因此，優點鮮明的人會比較容易被看見，並使主管在不自覺間給予較高評價。

換言之，**平時要盡量讓人注意到你「想讓別人看到」的部分**。如此一來，主管做決定時自然會想到你，於是能獲得良好的評價。

「這個部分的我，滿分10分！」關鍵在於，讓優點成為你自己的代名詞。

我進一步說明此處的「10分」。就算不是所有人都覺得是10分也沒關係，即使只有8分也要說是滿分「10分」。之後再想辦法往10分邁進，真正的滿分是需要等待的。

我曾在網路上讀到一篇文章，日本國家足球隊的長友佑都選手也用過類似方式來自我行銷。讓我不禁發出了「喔！」的一聲。

這是在長友選手加入「FC東京隊」時發生的故事。總教練在面談時請他做自我評鑑，共有六個項目，評鑑範圍1～10分。長友選手在三個項目（速度、運動量、心智強度）上勾選了10分。

總教練嚇了一跳。就算是自己的強項，一般選手也頂多勾選7～8分，但長友選手勾選滿分。更何況，他當時在J1聯盟根本還沒有任何出賽紀錄。長友選手敢在這種狀況下給自己滿分，速度和運動量或許還不一定，但心智強度至少有20分吧！

教練也是人，不可能對所有球員都瞭若指掌。因此，當球員表現自我的方式如此令人印象深刻時，教練就會特別留意到這個球員。

所以說，請為自己創造**「壓倒性的優點」**。

與其所有項目都7分或8分，3、1、4、10分還比較好。大部分項目馬馬虎虎也沒關係，因為只有那個10會獲得注目——這一點非常重要。

請抱著放棄其他項目的覺悟，想辦法為自己創造一個「10分」的能力。我認為只要這麼做，一定會出現重大轉變。

我意識到這個方法時，還任職於教練公司。我當時是第一次負責法人企業的顧問工作，但我很了解自己想經營的是單一對象。為了傳達這項訊息，我刻意不使盡全力工作，所以業績始終吊車尾（已經是陳年往事了，說出來應該沒關係……）。不過，在教練培訓、個人教練等項目，我的成績一直都是遙遙領先。

主管終於決定：「馬場就別再做法人企業了，專心處理教練培訓和個人教練的事吧！」我為自己創造出能表現活躍、讓成果比其他人高出一倍的工作環境。

當你創造出自己的「10」，其他成績即使很差也沒關係，因為你的優點夠出色！你不會因此失去你的地位。同時，你也能讓自己遠離不擅長的工作，將所有時間和精力都投注在拿手的項目上。

過度跨界，將無法鞏固地位

雖然有些突然，但我想問各位：能夠生存的海盜都有什麼共通點？這是很久以前別人告訴我的——能夠存活的海盜是那些明瞭自身角色、自始至終堅守崗位的人。

換言之，**只有明確了解自身工作，不擅自離開崗位的海盜才能長久生存。**

你無須擁有特殊能力，也不用追求引人注目的表現。

請試想，演藝圈中有過多少快速走紅的藝人，卻在不久後從檯面上消失？

也有許多一度廣受歡迎的搞笑藝人與混血藝人，都在不知不覺間被淘汰。相對的，能在電視上持續露臉幾十年的那些人，是因為他們已經確立出自己獨一無二的地位。

舉例來說，出川哲朗先生雖然沒有特別的才藝，但他在關鍵時刻獨有的搞笑反應總能引起觀眾的熱烈反應。想在這個殘酷的世界上生存，就必須像這樣**為自己確立無可取代的專屬地位**。

「別太過度」是另一大重點。同樣以出川先生為例，他那些瞠目結舌的吃驚反應從來不是刻意的，其魅力正是出自於率真。假如他刻意裝出滑稽表情來討好觀眾，就會讓人覺得做得太過頭，了然無味。而一旦失去自己獨有的特色，想要生存會非常困難。

公司組織也是相同的道理。或許公司確實需要受注目的明星員工，但絕對不需要非常多這樣的人，因為這同時會帶來破壞組織協調的風險。

想在大型組織生存，重點在於反覆加強自己份內的技能，想辦法確立自己在該領域的地位，例如「醫療領域相關的事找業務部的○○○就對了」、「關於新創企業的會計問題找○○○準沒錯」。

「經典款」的威力比「潮流款」更強；堅守崗位努力的人，也更容易獲得他人認同。

摸透對方個性，精準傳達訊息

即便你用同樣的態度，傳達同樣的內容，A與B兩個不同的個體仍會有不同的接收反應。

因此，我們必須使用各自適合A與B的方式傳達訊息。

接待不同的人事物時，無須堅持自我的樣貌。

訊息如果能順利傳達，那保持原先的方式即可；但如果溝通出現問題，或許就該改變與對方的說話方式。針對不同類型的人做些溝通上的調整並非錯事。

我的教練工作也需要視對方的型態來做適當調整。

「我就是這樣的人！不懂我的傢伙我才不需要！」

這樣的思考模式或許能有短暫的良好感覺，但終將得不償失。

除了努力讓自己變得更容易理解，若能再**適時配合對方進行調整，那取得認同的過程也將會更順利**。

不論主管、同事或客戶，世界上有形形色色的人。以下要介紹的，是我在信賴教練學校（Trust Coaching School）中建立的模組，針對不同類型的人所訂的溝通策略。大致上分四種類型，不過依狀況不同，偶爾會出現同時具備兩種特徵的人。

下述特徵給各位作為溝通時的參考。

❖ 火型人

像火一般熱情，是懷抱理想的行動派。不愛受人指揮，喜歡依照自己想法做事。朝著目標直線前進，比起過程更重視結果。

- 口頭禪：「總之」、「所以說」、「結論是？」。
- 溝通技巧：嚴禁用命令語氣對他們說話！先從簡要的結論開始，表達時只說重點。

❖土型人

像大地一般冷靜，擁有深思熟慮的職人氣質。進入狀態時能發揮出旁若無人的專注力。妥善分析計畫後才會動工，厭惡失誤的完美主義。

- 口頭禪：「有三項重點」、「好吧」、「根據經驗」。
- 溝通技巧：對話時應特別強調「正確性」與「事實」。

❖風型人

像風一般自由，好奇心強充滿活力。重視原創性，喜歡與人產生連結。不擅長為單一目標堅持不懈。

・口頭禪：「暫且先……」、「世界第一！」、「業界首創！」、「最讚！」。
・溝通技巧：談論理想、夢想等令人興奮的話題；要提到事物所能創造的影響力。

❖水型人

像水一般隨和穩定，重視人與人的合作關係。認為工作價值就在於支持他人，是無名英雄的類型。
・口頭禪：「大家有什麼想法？」、「現在方便打擾嗎？」、「說得真對！」。
・溝通技巧：任何威逼性的言語都發揮不了效果，但只要語帶感謝，他們會一直記在心上且付出誠摯的關懷。

親近「努力已獲認同」的人

我們常聽到有人如此評論偶像團體：「成員裡有一、兩個菜鳥沒關係，只要其他人的表現在水準之上，這就是一個水準之上的團體。」（其實這種配置經過了縝密的思慮。這樣能保持團體內部的緊張感，收編不同類型的人也能給粉絲更多選擇。）

事實上，這個概念也能套用於傳達自身努力之上。

親近「努力已獲認同」的人，以一個團隊的形式出現在人前，將使你更容易獲得認同。雖然感覺有些狐假虎威，但為了變得更好，這麼做是可接受的。

各位知道「變幸福最簡單的方法」是什麼嗎？

答案是：**「待在幸福的人身旁」**。

確實，身邊的人會將氣質轉移到自己身上。與開朗的人相處會變開朗，與陰沉的人相處也容易變得消沉。

好比人們總是說夫妻的臉會愈來愈像，因為長期相處下來，表情與反應時機變得一致，外觀也因此變得相似。

同一群好友也會散發出類似的氣質，包括語氣、詞彙以及思考方式，有些女性好友連甚至生理期都會同步。

因此，與其跟不獲認同的人相處，跟已獲認同的人在一起還是比較好，沒錯吧？

跟已獲認同的人一起行動，不僅自己更容易受到認同，對方的思想、言行也會漸漸轉移到自己身上，或許真的就能變成容易得到認同的人了。

但請注意，如果彼此之間的差距過大，這種行為會造成反效果哦！

附和主流想法後，多講一種看法錦上添花

親近已獲認同的人，讓自己更能獲得認同。這個現象也可應用在其他方面。

譬如說，會議上意見紛亂時，我們到底要支持那一種意見呢？此時，認同主管等核心人物的想法就是一種選擇。

正如第二章的「習慣八：不否定對方，用『1.5倍的共鳴』回應」，在附和該想法後，請多講一項為什麼這個想法很棒的理由，給予1.5倍的錦上添花。

基本上，人都渴望自己是第一個得到認同的人。因此**當聽見有人以不同觀點提出連我們自己都沒想到的讚美時，我們就會覺得「這個人真是優秀！」**。

總之，如果你希望自己的意見被認同，那除了附和之外，請再給予超出預期的1.5倍共鳴。如此一來，不僅讓周遭的人刮目相看，也會讓你更容易獲得核心人物的讚賞。

不過，這項技巧有個重點非留意不可。

當主管的想法不被大多數在場的人認同時，如果你還這麼做，就會被大家認定：「那傢伙只會拍馬屁！」

像這種時候，除了附和對方的想法，請再補充一些否定的意見。

感覺大致是這樣：

「光就生產效用而言，○○您的想法非常完美，不過客戶滿足度可能就有些令人擔心。但長遠看來，我認為這還是最宏觀的想法。」

這種說法同時也表達：我不是只會幫你抬轎哦，不是你說什麼我都會點頭。儘管如此，你仍然贊同整體的方向，所以主管不會生氣，而其他人也不會認為你在討好對方。

認同大方向，否定一些小地方，這就是讓你順利獲得認同又不會樹敵的訣竅。

我更常用的技巧舉例如下：先假裝否定，接著給予認同。

「雖然○○董事您較少聽取員工的意見，但您的想法總是出自一顆為客人著想的心……」

根據你與對方的關係，先予以適當的攻擊，再稱讚對方的想法，這麼做就能順利獲得認同。

或許有人不願意將此方法用在主管身上，但**其實上位者反而希望有人能給予真心的意見**。他們會擔心自己變成「國王的新衣」故事中的裸體國王，因此願意說出真心話的人對他們而言相當珍貴。

順帶一提，這項技巧對愈有能力的主管使用會愈有效果。

為什麼呢？因為無能的主管對自己沒信心，稍稍被否定就會生氣。

掌握對方特性，才能靈活發揮最高效益。

見面前先準備好「具衝擊性的開場白」

近年來，日本出現了許多來自世界各地的咖啡店和餐廳。這些新事物如雨後春筍般不斷冒出，其中一些非常迅速地席捲全日本，在任何地方都能引起話題。

他們成功的秘訣在於：**令人印象深刻的廣告文案**。

舉例來說，販賣法式吐司與鬆餅的餐廳，銷售文案是「世界第一的早餐」，於是整個廣告顯得更大器。

當然，這家餐廳的早餐並非真的是世界第一，但「世界第一的早餐」所帶來的衝擊，明確傳遞出「這家店的料理很美味」的訊息。

過去的偶像明星出道時，也都會搭配一個響亮的名號，因為只要讓觀眾留下一點印象，之後就比較不會被忘記。

若想得到初次見面對象的認同，藉由一句「具衝擊性的開場白」使對方留下印象，不但訊息能傳遞得更順利，之後對方也比較容易想起你。

然而，有件事請各位務必留意。

商店或物品等非生物的對象，使用「世界第一」展現自信確實能勾起消費者興趣，但若想推銷的是你本人，這種用法可能會帶來反效果。

你與初次見面的人交換名片時，如果對方講出這種開場白：「我是一個只要五分鐘就能取得他人信任的男人。」你將做何感想？是否會覺得對方自我感覺太過良好，於是有了戒心，對他產生不好的印象？更甚者，說不定感覺受到挑釁，而有「好啊，來試試看啊！」的想法。

驕傲的開場白如果套用在人身上，會令對方嗤之以鼻，認定那是因為自信不足才虛張聲勢。諸如此類的自我介紹，若強加於人則會造成反效果。

我建議各位可以**在自我介紹中加入一點玩笑**。

我以前經常使用的自我介紹，一看就知道是玩笑話：

「你好，我是最近飽受痔瘡困擾的，馬場啟介！」（說真的，我到現在還是很困擾。）

儘管我在教練業界的資歷比別人豐富，但因為年齡的關係，客戶經常把我當成小伙子看待。這種狀況下，如果我在企業研習的眾人面前擺出一副了不起的模樣演講，可能會令人覺得「我才不想被年輕人指東道西！」而有風險遭到客戶的抗拒。

如果用上述那個玩笑話的自我介紹，對方大概會想：「什麼嘛，我還以為他是個裝腔作勢的傢伙，原來不是啊！」如此一來，會場的聽眾才聽得進我說的話。

當然不一定得開玩笑到這種程度，而且這種方式對於女性就不太適用。另外，用出身地作為開場也很不錯，例如：

「大家好，我是出身於愛媛縣，喜歡吃蜜柑的鄉下女孩○○○！」

聽起來就很有氣勢（我不是說愛媛縣是鄉下的意思哦！）。

以如此開場白來為接下來的主題暖場，能讓聽眾的心情放鬆。

對話時適時加入輕鬆的話題，使聽眾感受到你的體貼。當他們認為你是好相處的人，自然會留下好印象。各位不妨嘗試看看喲！

最有POWER的自我介紹，就是草帽魯夫的「那一句」！

雖然適當的開場白有其效果，但想要與初次見面的人融洽溝通且獲得理解，確實是件十足困難的任務。

人家常說，**初次見面的七秒內（不，是三秒內）就會確立對他人的評價。**因此第一印象非常重要。

自我介紹也是自我行銷的一環。為了把握各種機會，請大家務必訓練自己拿出最好的自我介紹。

讓他人對自己產生興趣是自我介紹的關鍵，所以必須讓對方知道你是什麼樣的人，且在他們的心中留下你想呈現的形象。

我在第一章提過，只要讓對方產生興趣，他們便會主動提問，這時自然能有機會來表達自我。

請問，各位在自我介紹時會說些什麼？

會誇耀自己過去事蹟嗎？

答案是「會」的話，那非常遺憾。

人們對於其他人過去的事蹟沒有太大興趣，輕者被當成耳邊風敷衍過去，重者或許還會遭致對方輕視。

那麼，該怎麼說才能在獲得理解的同時，進一步激發對方興趣呢？

對方想知道的是：這個人未來的樣子是什麼？

對未來滿懷期待的人特別有魅力，能激發他人的興趣。對於未來愈是充滿理想，愈是能吸引目光。

另外，對方聽見這種自我介紹：「我現在正朝著這個目標努力奮鬥中。」應該會認為「如果是這個人，大概會認真工作，或許能幫上忙也說不定」，腦中便對你留下了印象。

人氣漫畫《航海王》主角魯夫的自我介紹就非常明確易懂：

「我要成為海賊王！」

大家聽見這句話的第一瞬間，都很困惑對吧（是的，非常傻眼）。不過，魯夫發自內心想成為海賊王，並為此全力奮鬥著。魯夫的朋友們看到這般情景，很容易就有「不得了，那我也要好好努力了！」的心情。於是魯夫最終獲得了許多同甘共苦的戰友。

還有另一部我最喜歡的人氣漫畫，《王者天下》的主角也用自我介紹抓住眾人的心：

「我的夢想，就是成為一統天下的大將軍！」

初次見面時，只要在對話中融入自身理想與努力目標，很容易就能吸引到對方興趣，讓他人不知不覺就記住了你。

順帶一提，我的自我介紹是：

「我要建立一個所有人都學習教練技能的文化，成為改變日本教育的男人！」

說出提案或想法時，少了熱忱就會被忽略

請問，人們在什麼時刻最容易感覺到他人的努力？

答案是：**當看見對方的表現超乎自己的預期。**

例如，當對方要求提出三個點子，你卻提出四個時，你的努力就容易獲得認同。第四個點子不論是簡單或複雜都沒關係，重點在於你做了比預期更多的事。

「這個、這個、這個。然後，我想另外這個或許也……」

像這樣，讓對方得到的比預期更多，他們就會心想：「哦！真是努力啊！」

我也很推薦另一種方法，就是「提早完成」。

當對方要求「15日之前」，就先在14日提交；當期限是「15點之前」，就先在14點半提交。比預期的時間更早收到成果的話，對方就會認同你的努力。

還有，當主管問「你認為這些提案的哪一個比較好？」的時候，如果你內

心已經有想法，就能大大加分。

提出額外想法；提早完成工作；心中已有想法。

全都做到的話，等於是向主管展現「我非常想做這項工作！」的熱忱。對方如果感受到熱忱，你的努力即能獲得認同。

另外，報告時的態度也非常重要。

各位平常有展現出自信心嗎？

「那個……有事想要與您談一談……」這麼畏縮不是很沒氣勢嗎？

我換個例子說明：當你受邀用餐時，主人用哪一種方式介紹，食物會感覺比較可口？是「這個保證好吃！」，還是「可能沒有到非常好吃，不過……」？

聽到「這個保證好吃！」時，就算你沒有特別驚艷，還是會心想「其實還算不錯啦～」，對吧？

這種技巧就類似「假藥效應」：頭痛的人拿到假藥，信以為真吃下去後，竟然治好了頭痛。灌輸對方好的想法，並藉此獲得認同。

我再三強調：**別人不會特別去關心你的事情與工作表現。**

「我有自信，這次的提案會是至今最棒的一個！」自信滿滿地提交成果，不僅能傳達出自己的努力，在「假藥效應」的加乘之下，提案就可能被採用。

想談升職、加薪卻不知如何開口？用數字就對了

爭取升職或加薪的談判相當困難，尤其在日本公司更是如此。不過，還是

有一些高明的技巧能幫助你在類似場合傳達自己的付出與努力。當然，是否能如願升職或加薪，與平時是否有落實第二章的11個習慣息息相關。

你為「傳達自身努力」付出了多少，結果會直接反映在他人看你的方式，以及認同你的程度上。

以十階的階梯來比喻，為什麼自己在第四階，隔壁的同事卻已經六階了……各位有這樣的疑問嗎？我認為，重點可能在於你尚未養成「傳達自身努力」的習慣。

有鑑於此，**我在這裡補上最後的臨門一腳，讓各位在面對審核時，也能完整傳達出自己的努力與付出。**

這些場合非常重要，你必須讓對方正確無誤地看見你想獲得認同的部份。正如前文提及的「創造你的10」，對於自己的優點，你必須有「在這個項目，我對公司的貢獻絕不輸給任何人！」的氣勢，如此一來就能在各種場合上都獲得對方理解。

然而，該以何種方式表達自己的「10」呢？請**用實際成績或數據呈現**。

感覺大概是這樣：

「儘管匯率上升了○%，我的業績仍然成長，比去年高出三倍。」

「儘管整體市場佔有率縮減了○%，我的客戶數量仍然從25人增加到40人。」

順帶一提，你如果身在外資企業卻沒有好好表現自己，那麼願望不論等多久都不會實現。**如果你以為「總會有人注意到我的努力吧！」而採取守勢，終將落得無人認同的下場**。

在評比嚴苛的外資企業，面對評鑑時具體而微地舉出所有參考數據會比較妥當。

不談感覺，直接拿出一目了然的數據實績。數字是最有說服力的證明，同時能幫助你獲得該有的評價。

面試時別談公司，讓面試官對你感興趣

手上拿著本書的讀者們，或許有人正準備踏入社會，也或許有人正考慮要轉換跑道。

我在此想介紹的是：**在「面試」的短暫時間內，表現自己的方法。**

針對即將參與面試的學生，我想說的是：「保持對話自然，讓眼前的面試官對你產生興趣。」

僅僅如此而已。

本書至此，我不斷提及傳達自身努力的訣竅在於「自然」，若你顯露出強求的意圖，那一瞬間你已經失敗。

我每年都這麼叮嚀法政大學「自主大眾傳播講座」的學生，而我有學生已連續七年成功錄取電視台主播與大型廣告公司中相當困難的職位。

面試官也是普通人。你要是無視對方自說自話，當然不會留下好印象。但

你要是有辦法說出讓面試官感興趣的事，甚至讓對方自己提出疑問，那結果會相當理想。

「以前擔任○○社團的領導人時，曾帶領○○人一起……」

講這種話對你絕對沒有好處。首先，你必須與眼前的面試官建立起良好的對話氣氛。對面試官保持尊敬，提出對方感興趣的話題，能做好這件事即是告訴對方你的溝通能力相當不錯。

面試的關鍵，在於能否讓面試官有「我想要跟你一起工作！」的想法。

面試你的是「人」，而非公司本身。

「今天來這裡拜訪，看見受人尊敬的○○先生您也在此任職，果然證明貴公司極具魅力……」

像這樣用對方的話題作為根基，便能使對話順利向外擴展。對方此時也會心想：「這個人不但沒有背稿說話，還有餘裕聊我的事，應對能力相當好。」這通常就是合格與否的關鍵。

讓人明確感受到「你很努力」的秘技大公開！立即見效！

總是有些人特別遲鈍，不論你多麼努力，他就是接收不到訊息。

面對這種人必須使用更直接、更易懂的方式來表現自我。

現實生活中，有時候雖然你已經盡力營造情境、勾起興趣且關心對方，卻仍然不得其門而入，**此時若沒有地把自己的付出和努力明白表示出來，相當吃虧。**

為了應對這一類型的人，我在此準備了幾項「附加技巧」，必要的時候，請務必當做合體技一起使用。

❖速度提升兩倍

提升你在辦公室內走路的速度、敲擊鍵盤以及做事的速度，只要能讓你顯得很忙很努力即可。

此外，動作加大、音量提高都是相同的概念。**做事的動作幅度加大、速度加快，很容易讓人產生「正在努力」的錯覺。**

❖搶先當第一位發言者

會議中，主持人向眾人詢問意見卻一片沉默，這種狀況各位都很熟悉吧？

此時打破沉默，眾人就會心想「哦！那就交給你了！」，就算接下來都不再發言，也容易讓人留下「這個人非常認真」的印象。

關鍵就是「第一位」的影響力。

❖打招呼時說出對方的名字

光是「打招呼」還無法獲得認同，但這仍是一種表現自身努力態度的方便手段。**沒有不做的道理。**

早上的時候，只要一句「〇〇，早安！」像這樣把名字也加進去，就能給對方「這傢伙總是很有精神呢！」的印象。

當然，除了早上，請再中午或離開公司的招呼時，把每個人的名字都一一說出來。

❖別人休息時繼續工作

下雨或大雪的日子，業務員都會很不想出門跑業務。在這種大家都全無幹勁的時候，只要你願意去拜訪客戶，對方很容易就覺得「這個人真的很努力」。

我以前的同事就有箇中好手。

「這種日子你還願意來呀！」

「是的，因為總是承蒙您的關照。」

這樣聽起來很不錯對吧？其實這位同事平常也是會找機會偷懶的喔！

同理，雖然白天不在位子上，但入夜後再回到公司做點事，或者週末到公司露個臉也好。假如你不論如何努力，客戶、主管或同事就是沒有接收到訊息，請「適度」使用這種方法。我說「適度」哦！

補充一句，**這些僅僅只是表演的技巧**。

真正厲害的人，都會認真地從基本功做起。因此，旁人看見他們平常的模樣，即會認同「這個人相當認真」。

換句話說，本小節所介紹的技巧，請當做秘技，**在非不得已時才拿出來嘗試**。

第三章 重點歸納

- 確保對方接收到的是「你想傳達的訊息」。
- 不是改變自己，而是「調整他人眼中的自己」。
- 創造你專屬的「10」。
- 將對方的特性觀察透徹。
- 親近努力的人比追逐閃光燈更有效。
- 事先準備好「最強的自我介紹」。
- 以數字回應評價。

【第四章】

讓自己成為「能夠被好好理解」的人

人的所有言行舉止都來自「愛」或者「不安」。
想要獲得他人的喜愛與認同，秘訣在於掌握兩者的平衡。
最後，我們重新審視這項平衡，
打造一個「不斷成功」的自己！

總歸一句：「如果不討喜，那就沒人願意理解你」

從第一章讀到現在，各位應該已經了解，「自己發起的行動」並非努力要獲得認同的關鍵，而要營造出對方能自然察覺的氛圍。也因此，日常的積累就相當重要。此外，為了順利傳達「我很努力」的訊息，也必須讓自己變得容易被他人理解。

在此，讓我們重新檢視，**若想獲得「這個人相當努力」的認同，實際上需要具備哪些特質？**

- 每天都向人打招呼。
- 仔細聆聽他人說話。
- 對於他人的優點給出超過預期的讚美。
- 先理解對方，再考慮自己。
- 對他人的事情保持好奇。

能做到以上各點的人，其實也就是平時努力與他人建立良好關係的人，不是嗎？

說得更直接一點，就是「討人喜愛的人」。

我們在一天之中需要與多少人溝通？又有多少事情需要對方的理解與回應？

在公司：要求部下提交文件、希望和客戶簽訂新合約、說服顧客購買商品。

在家中：希望妻子在睡前幫忙按摩肩膀、告知父母隔天應酬會晚回家、小孩有功課需要幫忙解題。

雖然這些都不是重大事件，但想將訊息完整傳遞給每個人仍非易事。此外，若請託之事需要對方付出時間勞力，或並非對方擅長的工作，溝通在這種狀況下更是困難，「就算你把話說出來，對方也無法理解。」

像這樣**「清楚明說仍溝通失效」**的狀況，大致有三種原因。

1. 對方沒有確實接收到你話中的意義。
2. 對於你說的話，對方以自己的想法做出錯誤理解（也就是誤解）。
3. 對方其實懂你說的話，但因為不想做，故意裝作不理解。

如果是第一或第二種狀況，改變表達方式或許就能解決，但在第三種狀況，由於訊息已確實傳達，對方只是「不想做」，所以溝通最後仍然失敗。

想要打破這種「情感上的高牆」確實不容易，因此**討人喜歡**是必要之事。

哈佛大學曾耗時七十五年做過一項研究，從各種角度追蹤調查那些高社經地位的人，結果發現，成功的必要條件並非智商或良好的成長環境，而是「建構良好人際關係」的能力。

換言之，努力獲得理解與認可、進而成功的人，都是建構良好人際關係的高手。

人際關係的核心，說穿了就是溝通技巧。而所謂教練工作，就是幫客戶重新仔細審視自身的溝通狀況．

我在本章會穿插一些自己的教練知識，並介紹給各位幾項建構良好人際關係的方法。

我認為，人際關係良好的最佳證明就是：**「重要時刻有多少人願意為你伸出援手？」**我的意思是，常常與人聚會吃飯並非表示人際關係良好。

有些人平時總是默默地獨自工作，但碰上重大事件時周遭的人都願意給予幫助；也有些人每天晚上與不同的對象應酬，但關鍵時刻卻找不到人。

其中的差別在於：「旁人對你有多少信任？對你抱持多少好感？」

該怎麼做，才能獲得旁人的信任？才能讓更多人喜歡你？

我所建立的教練邏輯（在Trust Coaching）是：**以「相信自己」為出發點。**我們必須先信任自己，才能得到他人信任。接著，**藉助良好的溝通來加深這份信任。讓對方產生好感，便能建構起「關鍵時刻願意給予協助」的關係。**

對自己沒信心、覺得自己很沒用的人，相處起來也容易令人感覺「沒有自信」或者「缺乏責任感」。

不僅如此，沒有自信的人也傾向否定他人，時常會說出讓人反感的話。這麼一來，要獲得周遭的信賴與喜愛，將會非常艱難。

而另一方面，自信心充足的人，不僅工作上很可靠，也不會堅持己見，而會願意仔細聆聽他人的意見。

周遭的人能自然感受到這些特質，並會把這些事當成是否值得信任的判斷基準。彼此建立起互信的溝通之後，才可能繼續加深這份信任。

換言之，假如你處在「因缺乏自信而無法得到他人信任」的狀態中，那不論多麼渴望獲得認同都將是枉然，所有自我行銷的努力都是白費。

相信自我，是獲得他人信任的基礎。從這點開始做起，才有辦法活用本書目前為止介紹過的所有技巧。

是「愛」還是「不安」？

好好實踐「不強求，讓表現自然流露」這項原則的話，你應該就不會樹敵，盟友也會逐漸增加，且開始獲得認同。我在教練工作上確實有看見這樣的成果。

然而，還是會有不擅長這種方法的人。

他們的行為讓人感覺不自然，此時你只要注意觀察，便能發現隱藏在背後的事實。

這些人的言行舉止，大多源自於內心的「不安」。

不安本身絕非百分之百的壞事。

例如，**以「自我實現」而有的不安就ＯＫ。**

當一個人決心朝向某個目標，必然會有「這麼做的話，會有這些風險……」、「這麼做會不會太急躁？」諸如此類的不安。這是人在成長過程中一定會有的阻礙，什麼都不做的人當然不會有類似感受。這種「因理想而生」的不安將會轉化成你的養分，所以無須擔心。

不過，**以「自我防衛」而有的不安就ＮＧ。**

即便賣命努力，只要你受限於「可能無法或獲得認同」的想法，就可能做出多餘的言行，結果被疏離，讓人對你望而生畏。如此一來，無法確實傳達訊息，你的努力也難以如實受到認可。

能順利取得他人認同的人，其言行舉止很少出於不安，而幾乎全方面出自於「愛」。這是我在提供教練服務的過程中，清楚感受到的狀況。

舉個最容易理解的例子：「責備」是發自「愛」的行為，而「怒罵」則是發自「不安」的行為。

雖然其中的內容可能相同，但由「愛」而生的言語，話中的情緒是「我認為這樣做比較好。我不是為了自己才這麼說，真的是為了你好！」，所以他人特別容易接受。

相反的，由「不安」而生的言語隱含「我認為這樣做比較好。因為這樣符合我的利益，我必須堅守立場，對方則是其次。」的態度，說來很不可思議，但此時傳達訊息會變得難如登天。不論有多麼得體的談吐或表現，仍無法直接取得認同。

有趣的是，即便是批評或惡言，只要動機出於愛，對方也能意外地接受。也就是說，秉持「我認為這麼做真的能讓你變得更好」心態所說的話，就算直接當面給予意見，對方仍會感覺「雖然不中聽，但這個人是為了我好」。

不過如果抱持著不安或恐懼的心，對方就可能認為你在攻擊他。

因此做任何事之前，請再問自己一次：

「我做這件事，是出於愛，還是不安？」

話雖如此，隱藏在行為裡的「愛」與「不安」，其實很難劃清界線，不，應該說兩者不可能完全切分。不過，很容易能感覺到何者的比重較大。所以我們應該在平時就調整自己，增加言行中「愛」的比例。

為了得到認同而固執己見的行為，正是因為自信不足。擔心自己不被認同，所以才試圖利用言語來彌補。

言行如果出於這種動機，將很難有效果，甚至讓他人厭惡，變成惡性循環，使你更難得到他人理解。

此外，「習慣否定他人」也是不安引起的行為。一個人如果自信心不足，會傾向於逃避而開始批判、發牢騷，或在背後說人壞話。

「出於不安的言行就是一切的元凶」，這樣說一點也不為過。我建議各位，**從今天起重新調整你的內心狀態，提高行為裡「愛」的比重。**

其實我的教練工作內容，就是幫助客戶建立並維持住這般「內心狀態」。

你是否想在他人面前展現「某種形象」？

既然我們已經知道，所謂「不安」的情緒就是白費力氣的元凶，那該怎麼做才能縮減它的影響呢？

請仔細思考，難道真的不能用其他方法來面對那些造成不安的事嗎？你現在的不安，或許只是根據過往經驗而直接帶入的情緒。

之前，在我針對母親所開設的教練學校（也就是Mother's Coaching School）裡，來了一位衣著整齊、身穿套裝的女性。在場所有人都是休閒裝扮，因此她變得特別醒目。

服裝是人的思維展現。舉例來說，想顯得更聰明的人會選擇戴眼鏡而非隱形眼鏡，想顯得女性化的人會選擇較為鬆軟的裙子而非長褲。

當時我問她：「你選擇今天這樣的裝扮，是希望給別人什麼印象嗎？」她說：「似乎也沒有特別這麼想，不過……」她又再思考了一會兒，才正式回答我。

「我以前找工作時碰過許多挫折，所以現在只要與陌生人碰面，就會想要留下好印象，所以特別注意服儀。」

這位女士受到過往經驗影響，每當與陌生人碰面、或參加人數較多的集會時，就認為自己必須著正式服裝，否則就會有「可能不被認同」的不安。

這份不安源自她過去的求職經驗，也因此，假如沒有這些經驗，她就不會有這種不安的感覺。

這個世界上，確實有很多人認為「不穿正式套裝就見不得人」，但也有很多人認為內涵比行頭更加重要。

這位女士的心中已經認定「沒有穿正式套裝就見不得人」，因此對她而言這是唯一正解。但周遭的人或許沒有這樣想，若她能意識到這一點，**放下長久以來的成見，或許就能削減內心的不安。**

有些女生常說：「想要變瘦，這樣比較漂亮。」但實際上，並不是每個男生都喜歡骨感的女生，喜歡稍微肉感的男生大有人在。

雖然有女生認為「瘦一點會更漂亮」，但男生並不一定希望女生過瘦，因為過瘦便失去了性感與美感。

儘管如此，仍舊有為數眾多的女性拚命想瘦身，這就是受到環境與價值觀影響的結果。

「想變漂亮」當然是一個很好的努力動機，不過，當你無法更客觀地審視自己時，就會陷入負面的鑽牛角尖之中。

有時跳脫自身狹隘的視野，用客觀角度來看，就能放下固著已久的想法，一點一點消除內心的不安。

「希望別人這麼看待我」、「希望能留下這種印象」都是不安的來源，阻礙你繼續朝未來邁進、達成目標的腳鐐可能就是這些想法。因此，**為了消除無謂的不安，請重新審視你心中是否有被過去綑綁的既定思維**。教練工作的「精髓」其實就在重新審視的這個過程。

前陣子很流行「整理術」，而除了實體物品之外，情感和執著也同樣需要整理，不需要的東西就放手讓它去吧！

不相信自己，就不會有自信

「不安」意味著心情無法安定。那該怎麼做才能讓心安定呢？

答案是對自己懷抱信心，而為了擁有自信心，你必須先信任自己。

不過，**要如何才能對自己產生信任？**

我在此舉個例子：

有個男生告訴我：「我很不擅長讀書，因此我決定每天睡前讀三頁書。」

另一個女生則說：「我決定一天讀一本書。」

過了一年，我向兩人打聽結果。

「馬場先生，我才執行兩週就碰到挫折，現在根本完全不讀書了，對不起。」

那個女生如此向我道歉。

她的身上散發出一種沒有自信的氛圍。

相對的，另一個男生自信滿滿地對我說：

「馬場先生，我現在已經進步到一週可以讀完一本書了。」

兩人為何有如此差異？**關鍵在於：你能否堅守與自己的約定**。

案例中的女生沒有實現自己曾許諾的事，所以產生罪惡感，於是失去自信。此外，此時如果還用「工作實在太忙」來合理化事實，只會加深實際作為與承諾之間的鴻溝。

相反的，男生實現了自己說的話，填補約定與行為之間的差距，所以變得更有自信。獲得自信的他，擁有更多動力去挑戰其他事物。

這種**「跟自己的約定」**可以從小事做起，慢慢累積「思」、「言」、「行」一致的行為，再逐漸將承諾的內容擴大，你對自己的信賴就會更深。

自信心就是靠這樣的過程慢慢建立的。

「面對自卑」是改變個性的第一步

一個人的內心若是自卑，將難以信任自己。然後當他擔心別人是否察覺到自己的自卑時，也會隨之產生不安。

那麼，我們究竟該如何處理自卑感呢？

自卑其實是我們對自認不足的部分的反映。換言之，我們認為自己不擅長做某件事，於是產生了自卑感。

只要**接受那個不足的部分，別把它當成缺失，自卑感自然會消失。**

在此，我想用藝人的例子作為榜樣。

愈是受歡迎的藝人，愈是處理自卑感的高手。

例如搞笑組合「黑色美乃滋」，其中一人常拿自己月球表面的臉來開玩笑，另一人則用自己日漸稀疏的頭髮當笑點。他們之所以受歡迎，正是因為將自身負面缺點轉換為笑聲的這種個性。

他們兩人坦然接受自己坑疤的臉與稀疏的頭髮，並將此轉變成笑料傳達給觀眾，觀眾自然能感受到這份坦率，因此給予笑聲回應。

如果這兩個人無法接受自己的特徵，又會發生什麼事呢？其中一人可能會在臉上塗抹大量粉底，另外一個則戴起帽子遮住頭髮，拼命掩飾自己的特徵。這就是由「不安」而生的行為。

一旦出現掩飾的意圖，周遭的人就算察覺也只得裝作不知情，於是造成彼此的距離。

英國維珍集團（Virgin Group）創辦人布蘭森（Richard Branson）也是將自卑轉換為自身強項的成功案例。

布蘭森本身有閱讀障礙，閱讀文章對他而言相當困難。所以他反其道而行，與人來往時用電話取代信件或電子郵件，結果反而更能取得他人信任。

布蘭森表示，理解且接受自己的「弱點」，能幫助領導者更加充分發揮「妥善用人」的能力。

布蘭森在自卑之中為自己創造了優勢。

如果可以坦然接受自卑，便能從中發現生存的謀略。

請不要因為有弱點就覺得自己是無用之人，**關鍵在於如何根據狀況，將不足之處轉換成你的特色或優勢。**

自卑之處不一定是你的缺陷，只要理解這一點，我們就能更加信任自己。

此外，你若是坦然接受自己，旁人看見了也會給予善意回應，此時更能提升自我的信賴感。

「好的逞強」與「無謂的逞強」完全不同

真正厲害的人，平常看起來跟普通人沒兩樣。先前提到維珍集團的創辦人布蘭森就是如此（我個人相當喜歡他，也非常尊敬他）。

布蘭森不管去到哪裡，合照時都會說「耶！」，看起來就像個普通大叔，而且就算在初次見面的人身旁，他也能自在地享受啤酒。

儘管他已經是世界知名的企業家，卻一點都沒有架子，整個人散發出率真的氣質。

真正厲害的人，絕不會張揚自己的厲害之處。絕不會刻意膨脹自我。

掩飾自己的自卑之處，刻意配戴高級行頭顯得自己特別尊貴，或者一副高高在上的態度，這種由「不安」而生的行為就是「無謂的逞強」。這類逞強在旁人眼中正是缺乏自信的體現，因此難以獲得他人的信賴與好感，就像是黑心食品。

我在本書中多次提醒，當你想要他人認同自己某個優點時，請不要勉強自己做出亂無章法的自我行銷。

不過「好的逞強」確實是存在的，也可說是必要的逞強。

演員仲村亨在《危險刑警》的拍攝期間，一同演出的館廣司先生與柴田恭兵先生曾對他這麼說：

「總之先逞強就對了！去騎最酷的自行車，穿高檔的西裝，總有一天它會融入你的個性。」

仲村先生確實按照這些話去做，後來他回憶起那段時間，說道：「強迫自己做那些非能力所及的事，剛開始真的很痛苦……可是過了一段時間，我突然發現周遭的人看我的目光改變了，我似乎也漸漸適應了這樣的自己。」

第二章提過類似的方法，只要盡全力融入現在必須扮演的角色，自然就會看見自己的成長。請參考：職場獲取認同三原則2：「融入角色！」

為了成為理想中的模樣，付出諸多努力邁向目標，這種逞強就是好事，與刻意做給別人看的逞強天差地遠。

逞強的理由是「想要成為這樣的人」還是「想要別人這樣看待自己」？兩者差異甚鉅。

為了自我膨脹的刻意逞強不過是自我感覺良好，在旁人看來只是虛張聲勢，沒有任何推銷自己的效果，最終還是難以獲得理解。

請務必留意，只讓逞強在心裡發生。因為我們下定決心要成長，藉此在眾人眼前以最真實的樣貌決一勝負。

過度逞強的話，會欲速則不達哦！

「累積信賴」必須從平時做起

我在本章開頭寫道，「重要時刻有人願意伸出援手」是良好人際關係的體現，而這得在日常溝通時累積出信任與好感。

想獲得認同不僅需要實力，也得在平時持續傳達自己的努力，如此才能確實被理解。

取得信任與好感也非一戰定生死，平時辛勤累積才能獲得成果。

我在此要用日本足球國家隊甄選球員的故事作為例子。當時有許多活躍海外的球員參加面談，據說不拿出最好的自己就難以獲選。如此狀況下，自我行銷絕非單純表現球技就能過關。

本田圭祐選手除了有精采的面試之外，行為表現也令人印象深刻。他每天都比所有人更晚離開訓練場，就算是身體狀況不理想，仍默默完成所有訓練。除此之外，假如看到前輩偷懶，就算對方是世界級的明星球員，他仍會上前規勸。本田選手的一言一行總是替全隊著想，這就是因「愛」而生的行為。

每天在訓練場上目睹這一切的教練表示，本田選手是**透過「自己」而得到信任**。就算他偷懶跑出去玩樂，也沒有人會批評。

日本國家隊的隊長長谷誠也是如此。他自己曾說，他不是一個耀眼的明星球員，也沒有高超的球技。然而，他在賽場上總能宏觀大局，適時補足球隊的漏洞，對教練而言，他的存在非常重要。而且他總是願意為球隊著想而去扮黑臉。

教練看見這樣的表現，判斷長谷誠選手是無可取代的人材。

教練必須從一群球員中選出能在比賽時作出貢獻的人，球員則要在平時持續「累積信任」才能為自己爭得一席之地。

緊要關頭時，沒有人會平白無故突然給予認同或幫助。信任必須從日常做起，才能建立「重要關頭時有人願意伸出援手」的良好人際關係。

當別人對你有了信任與好感，自然會看見你的努力與付出。如此一來，不需刻意推銷自己也能獲得認同。

與任何人都能談得來的技巧：「增加視角」

請問各位，你們認為溝通高手具備何種特質？

其中一項是：**「面對自己沒興趣的人時，是否能夠保持愉悅的態度與之對**

談。」

只要對象合得來，不論是誰都能聊得很開心；但跟不合拍的人也能有同樣興致侃侃而談，這才是真正的溝通高手。這樣的人，常有許多看事情的「視角」。

比方說，對於一個莫名令人厭惡的人，我們可能只會想到他說話不得體，只會自顧自地高談闊論，穿著也不整潔。

懂得用不同視角看事情的人，此時不會輕易評判對方「很難相處」，反而會去思考對方過去的遭遇，對於現在讓他用這種方式說話、或使他養成固執個性的原因感到好奇。那衣服看起來皺皺的，是因為太忙了嗎？諸如此類，將厭惡感轉換成好奇心，就能繼續進行對話。

而且，有較多視角的人較不會與他人爭執。我這樣想，他那樣想，不見得只有自己才是對的，因為每個人有不同看事情的「視角」。旁觀的第三者又會如何看待這場爭執呢？他們就像這樣，冷靜地從不同角度分析，不流於感情用事。

哈佛大學的研究也提到，**「增加視角」**是和諧溝通不可或缺的關鍵。

那麼，該怎麼做才能增加視角呢？

其中一個方法是，對每件事都抱持「為什麼會這樣？」的想法。

例如，東京與大阪的手扶梯站立側恰好左右相反。當你走在通行側，前面卻有個人站著不動時，若能思考一下「為什麼會這樣？」，或許就能發現不同面向的解釋。只要平時多練習這種思維，與他人對談時就能夠從各種不同的角度理解事物。

另外一個方法是，在下判斷之前盡可能多方吸收相關的知識與資訊。

從A、B兩種選項中選取A，或者從A、B、C、D四種選項中選取A——雖然最後同樣都選了A，但兩者背後的思考過程完全不同。

資訊量在此扮演的角色相當重要。若能養成作決斷前先結合多方資訊的思考習慣，不僅不會講出不對題的言論，還能讓輕鬆地與不同類型的人進行高品質溝通。

糗事是拉近距離的特效藥

或許有點突然，但我想講一件自己的「糗事」。

這件事發生在十幾年前，當時我剛升上大學就讀法律系。我對社團活動和聯誼完全沒興趣，從大學一年級開始，我就立定目標一定要通過法務士考試，進入法律專門學校。

當時，我每天結束大學課程之後，就立刻騎著輕型機車趕去補習班上課。為了取得法務士的證照，我努力用功了兩年，計畫在大學三年級時參加考試。假如錯過考試，我就必須再等一年，而且沒有證照就無法找相關工作。所以我前兩年的時間都耗在苦讀上，全都為了大學三年級的一決勝負。

到這裡，一切還很完美。

你猜，這場我投注了青春的考試結果如何？

我竟然忘記帶准考證！

兩年來，我犧牲玩樂時間拚命用功，最後卻連考試都無法參加！浪費了兩年大好青春年華，我那時完全無法釋懷。

聽完我這則「糗事」，各位有什麼感想？

「真是個笨蛋……」有人或許會傻眼；「好像有點可憐」有人或許會同情我；「我也有過類似經驗！」有人或許會有共鳴。

如果這則糗事能帶來一點點親近感，那麼丟臉也值得了。

完美的人，會讓人產生距離感。

這世界上大概沒有完美的人，只有假裝自己很完美的人。感受到一個人假裝自己很完美時，我們會保持戒心，甚至對這種人的失敗幸災樂禍。

坦率承認自己的弱點，反而能讓對方產生想要幫忙的想法。職場上也是如此，失敗時願意大方讓別人取笑一下的人，總是莫名能得到眾人的同情與幫助。

而且，糗事還能創造一個讓對方吐槽你的機會。

「加入吐槽點」能在溝通上帶來很好的效果，不僅能緩和談話氣氛，還可以拓展更廣泛的話題，是屬於由「愛」而生的言行。

談話時，如果雙方都想不到話題而感到焦慮，糗事就是一個突破點。它不僅能創造新的談話契機，也能讓對方有獲救的感覺。

有人會問：溝通的目的難道不是為給自己好處嗎？這是錯誤的觀念。

基本上，溝通是要為對方著想。

溝通的關鍵在於留意他人想法，然後想辦法使雙方契合。對方不擅長某個話題時，適時加入吐槽點是一種體貼的表現。如果能實踐這件事，就能成為一個談笑風生的人，在他人眼中的好感度也會提升。

溝通時，缺乏「喜悅力」會很吃虧

休假旅行的同事，從台灣帶鳳梨酥回來分送給大家，收到鳳梨酥的你會有何種反應？

向對方道謝，然後就把收到的鳳梨酥擺在桌上？

討喜的人通常很擅長應對這種狀況。收到伴手禮時要表現出歡喜之情：「哇！！我以前在電視上看過介紹，老早就想試試了，我可以馬上開來吃嗎？」然後心滿意足地吃下去：「真的超好吃的！太感動了！！」

「看你吃的這麼開心，真是太好了，還好我有買。」對方不僅會這麼想，可能還會說：「要不要再來一個？」

向他人傳遞出自身喜悅的能力，稱為「喜悅力」，這是一種魔法般的能力，你愈是琢磨，人生就會愈幸運。

對方渴望的就是你的反應。

舉例來說，你站在觀眾面前演說，看見有人一邊對你點頭，一邊抄筆記，你是否會覺得這個人很專心聽你說話，進而對他留下好印象呢？

相反的，假如有人面無表情坐在椅子上，或只顧著滑手機，演講者就會興起「我說話是不是很無趣？」的不安，而希望對方至少能給點回應。對於這種毫無幹勁的聽眾也很難有太好的印象。

除此之外，各位知道「謝謝」也是一個威力強大的詞嗎？

每天幫植物澆水時，說「謝謝」會讓它長得更好；把寫上「謝謝」的便條紙貼在製冰盒上，冰塊的結晶會更漂亮；說「謝謝」也能讓他人感受到自己的善意。因此，在言語上中大量使用「謝謝」，就能漸漸提升「喜悅力」，讓你獲得周遭眾人的喜愛。

除了「喜悅力」之外，還有幾項能讓你獲得他人好感的溝通技巧。

你與某人碰面時，如果還記得先前曾經聊過的話題，就能獲得對方的好感。

以我個人來說，與任何人初次見面時，我都會盡可能記住所有的對話內容。因為教練工作是一種延續性的服務，為了讓客戶感受到自身轉變，類似「在我們初次見面時，你曾經告訴我這樣的事……」的對話相當重要。

況且，這麼做能讓對方覺得「這個人確實很用心在處理我的事情」，而因此感到心安。

各位或許能嘗試這個方法：與他人交換名片之後，回到公司立刻把對話內容記錄下來。

此外，講出他人自己都沒發現的魅力，也可以獲得對方的好感。

我們到目前為止，為了「傳達自身努力」的全部方法，都先要建構互信的基礎，同時再想辦法獲取他人好感。只要有信任與好感，你無須強迫他人理解你的「努力」，而能夠自然地推銷自己。

用「冷漠的愛」與對方保持距離

為了建構信任與好感兼具的穩定關係，我從來不會特別偏袒或優待任何人。不論是我尊敬的人、朋友，或者客戶，我相處時都用相同的態度，並且同時保持一定的距離。

如果你對人時而溫柔，時而冷漠，會發生什麼事？溫柔時當然沒問題，但冷漠時就會引起對方不安：我是不是做錯了什麼？

用戀愛來解釋或許會更好理解。

在戀愛關係中，以下狀況常有所聞：講出懷疑對方的話、隨便檢查對方手機、不斷打電話或傳簡訊彼此轟炸。

以上這些，都是因為對彼此關係懷抱「不安」，因而引起的多餘行為。

對方真的喜歡自己嗎？真的信任自己嗎？現在這樣真的沒問題嗎？種種不安讓你做出平常不會有的言行舉止，結果反倒惡化了兩人關係。

換言之，如果沒有維持一致的態度，就會讓對方不安，於是可能無法創造一段良好的關係。

相信各位都聽過**「愛的相反是冷漠」**這句話吧？

而我認為，重要的是**「冷漠的愛」**。

假如你有考慮到對方的心情，就盡量別讓自己忽冷忽熱。我認為，自始至終都保持著相同態度和適當距離是最好的策略。

各位都有惹人生氣，被痛罵一頓的經驗吧？這種時候，就算知道對方並非真的有惡意，心中還是很難放下那些情緒化的字眼，對吧。尤其對方是你喜歡的人，或者重要的人，這種感覺會更加明顯。

你的心因為對方的話而患得患失，其實對方也同樣會患得患失，如此一來，雙方的關係就有如起伏的海浪，呈現不安定的狀態。

所以，**請不要逐字逐句在意對方說的話，用某種程度的冷漠來面對這些言語，讓自己的狀態穩定一致，才能有安定的關係。**

再來，為了保持適當距離，請不要對他人有過度的期待。

只要有期待，你就會更想接近對方，這樣會造成對方的壓力，結果想要逃離。

我的教練客戶中，就有非常多對他人期待過度的人。這種人由於喜怒哀樂過於分明，累積出許多壓力，只要對方稍微動作，他們情緒就會有大幅度擺盪。這種不定的狀態會很容易影響到事業。在一次一次的諮詢過程中，我會請他們放下過度的期待，因為唯有人際關係穩定之後，事業才可能蒸蒸日上。

保持適當距離，你才能讓自己不抱持太多的期待。只要你不過度期待他人，他人就不會濫用你的期待。換言之，為了讓彼此有更融洽的溝通，對方也會想辦法改善自己的表現。

此外，每個人都有不希望被涉入的私人空間。對於防衛心強的人，這種空間就會更大。**保持適當距離，也是在為他人保留私人空間，給予對方心理上的安全感。**

溝通就像傳接球，只要保持適當距離，你就能愈做愈好。

愈想讓人覺得「自己很行」，就愈會被輕視

有些人儘管態度一致，卻仍舊很難讓人有安定的感覺。

各位身邊有沒有一種人，總是在炫耀自己認識了哪些名人或大咖？

我的客戶之中，也有一些人會因為擁有好的家世或人脈而自傲，認為自己是很厲害的人。這些行為都是出自於「不安」。

這一類的人，如果不強調自己非常厲害就會焦慮不安。然而，真正厲害的人大多一派隨和，不刻意展現自己的才能。**沒實力的人，才需要想方設法讓自己看起來很厲害**。只可惜，這種意圖很容易就會被他人察覺。

我與這種人相處時，會委婉告訴他們，和我說話不需要表現得這麼積極：「請保持自然就好了，因為不論你認識多少人，其實跟你我本身沒有相關。」

前面提過，傳達訊息時不要勉強誇飾自我，而在溝通時，適時表達自謙是很重要的。

講自己的糗事也屬這個範圍。當你傳達出「我完全不是什麼能幹的人」的訊息時，對方就會認為「在這個人面前，我沒必要裝得很厲害」，因此得以安心。

此外，假如能夠多多誇讚對方有魅力的優點與特色，讓他覺得「自己比想像中更棒」，安心感就會加倍提升。如此一來，對方就不會自顧自地高談闊論，你們的溝通將會更流暢，能用真心話建構起彼此之間的信賴關係。

成為「無時無刻語帶幸福」的人

我絕對不會和散發出不幸氛圍的人共事。

以前在「Coach A」任職時，我曾經向那位相當照顧我的社長打聽他面試員工的錄取標準。

當時他毫不猶豫，立刻告訴我：

「看臉啊，還能有什麼標準？」

這裡的臉，當然不是指帥哥和美女。

社長說的不是臉的五官結構，而是面容的氛圍。看起來幸福的通常會比較幸運，一起共事或許會有好事發生。一個人的面容是否散發這種「幸福氛圍」相當重要。

一個人幸福與否，從臉上的表情就能看得出來。儘管你自己沒有意識到這件事，但眼睛和表情早已透露訊息。

我想跟各位分享Panasonic創辦人松下幸之助一個有名的小故事，也跟面試有關。

面試的最後一個問題，他會問：「你覺得自己是個幸運的人嗎？」此時，沒有回答「對，我的運氣很好」的人，不論學歷再高都不予錄取。

覺得自己幸運的人，才會覺得自己幸福。唯有如此，你的表情才會散發出「幸福氛圍」。

我在第三章曾經提過，要親近「努力已獲認同」的人，因為近朱者赤，近墨者黑。當一個人不論環境如何都認為自己很幸運，時時語帶幸福，不幸的人就不會靠過來。

極端地說，不論自我行銷或溝通，都是在呈現自己平時所散發的氣質。散發幸福氛圍的人，行為舉止都是出於「愛」，因此身邊自然會聚集已獲他人認同、且感覺幸福的人。散發出不幸氛圍的人，因為心中懷抱「不安」，時常會逞能抱怨，於是就會吸引到同樣不獲認同的人。

十多年的教練生涯中，我清楚領悟到一件事：**強求不屬於自己的事物，絕對無法獲得幸福。**

哈佛大學曾針對幸福與年收入之間的關係做過研究。研究結果發現，就算年收入增加一百萬日圓，幸福度也只會提高2％。也就是說，如果想變得幸福，改善與重要親友的關係，會比增加年收入來得有效。

「雖然欲望是無止盡的，但我覺得現在的自己很幸福。」經常抱持這個想法的人，比較能懷抱感恩，也會散發想變得更好的「幸福氛圍」，於是自然而然會吸引到更多機會。

表情會透露一個人的生活態度。各位是否有過這種經驗：學生時代極具魅力的同學，許久不見後再次碰面，雖然他的臉沒有太大改變，魅力卻已經不再。相反的，以前各方面都普普通通的某些人，現在卻散發著不可思議的耀眼光芒。

此外，也有人會把自己的不幸當作溝通手段。這種人為求一時心安，只要逮到機會，就讓談話導向人生哲理，開始大談戀愛、工作或家庭上的煩惱。這些都是源於「不安」的言行舉止。

人當然還是會有煩惱，但與其成天把負面的話掛在嘴上，總是會有人這樣想：「算了吧，我擁有的還很多，快樂一點！」然後繼續向前邁進。

常把不幸話語掛在嘴上的人，會吸引到同樣散發不幸氛圍的人，然後就一起捲入更多麻煩事，或者遭受他人惡意刁難，陷入更加不幸的境地。

相反的，散發幸福氛圍的人身邊總是圍繞著很棒的人，厭惡的心難以生成，因此由「愛」而生的言行就會增加。若能散發幸福的氛圍，人際溝通就會變得順利，自然會有更多討喜的人聚集到身邊。

出發點對了，就能以最短路程抵達目的地

教練這項工作，就是在幫助客戶以更有效率的方式迅速達成目標。

客戶的狀況各有不同，有些人太過低估自己，總是缺乏信心，於是無法完全發揮出實力；相反的，有些人又太高估自己，舉止過於傲慢，讓人望之生畏，因此不論做什麼都無法獲得認同。

我的工作就是讓他們重新審視自己的言行是源自於「愛」或「不安」，接著調整回中立的狀態。

我會請低估自己的人多找回自信，請高估自己的人留意一下自身原貌，同時藉由討論，一起想辦法找出因應對策。

這種感覺有點像是一邊看地圖，一邊朝目的地前進。假如一開始就在錯的出發點上，那不論多麼努力都難以抵達終點。

教練工作，首先就是要為客戶找出正確的起始點與目的地，確立了起始點與目的地後，即可喚醒最多的內在潛能與魅力。接下來，**無須過度逞強，保持最自然的狀態就能達成目標。**

想讓「認真努力」獲得理解也是同樣的道理，首先你必須確認自己的立足點，接受自己的狀態。只要保持平常心別想太多，不安的感覺就會慢慢減少，更加信任自己之後，「由愛而生」的言行也會隨之增加。

這麼一來，你便會開始獲得旁人的信任，接下來，只要每天持續累積他人的好感與信賴，就能打造出良好的人際關係。

一旦建構起良好的人際關係，你的付出與努力自然會傳遞出去，進而受到他人肯定與認同。

傳統的自我行銷手法強調的是積極展現自我，想辦法比他人更醒目，但到目前為止，我在本書中與各位分享的所有方法皆非如此。

相較之下，平時好好與人建立關係、取得信賴的效果會更好，能讓你更快得到他人的認同。

我們都非常努力。每個人都為自己奮鬥著。

哪怕只有一點點，我們還是希望自己的努力能有如實的回報。

第四章 重點歸納

- 討喜的人才容易獲得理解。
- 內心充滿「不安」的人難以得到認同。
- 不信任自己的人，無法得到他人的信任。
- 接受自己的自卑情緒，將它轉換成個人特色。
- 「為了達成目標而逞強」與「追求虛榮」是完全不同的。
- 「喜悅力」是逆轉人生的魔法。
- 「無時無刻語帶幸福」的人才能笑到最後。

結語

我在本書中介紹了許多「讓自身努力獲得理解」的方法，最後總結在「重要時刻能否獲得他人幫助」的信賴關係之上。我這麼做的原因，其實與自己過往的經驗有很大關聯。

雖然自己開口說這種事有些羞恥，但以前我在公司上班時，是一個非常受歡迎的教練。「我要一輩子跟隨馬場先生！」大約有一百個客戶對我說過這種話。

然而，當我辭職離開公司之後，這一百個人就突然不再跟我聯絡了。

我此時才發現，「我之所以在客戶心中有價值，其實是因為背後有公司的招牌撐腰。」於是我大徹大悟，發現要單純用一個「人」的身分獲得理解，這真的是一件非常非常困難的事情。

辭職後，我在兩位好友的幫忙下創業，開始在網路上建立教練學校。我們製作影片，以故事的方式呈現，讓視聽者便看邊學，這在當時是個劃時代的做法，我將自己所有的知識都融入影片之中。正式上線的前三年，我與好友們犧牲睡眠，假日也不休息，從零做起，最終完成了我們自己非常有信心的網站。

可是呢，結果非常悲慘。不知何故，上線半年客戶數是0。

我相當焦慮，多次想要放棄。

不可思議的是，每當我下定決心「這個月如果沒有人申請就放棄吧！」，之後總會「咚！」的一聲有客戶上門，這種情形重複上演了許多次。

當時支持我做下去的是兩位好友的鼓勵。

「只是沒有打到受眾而已，網站內容絕對沒有問題。再撐一下，狀況一定會好轉的。」

我們見面時總是這樣互相打氣。

另一方面，當時突然流行起「讓你馬上賺進一億」這種網路行銷手法，在業界也有教練因此爆紅。然而，我完全不做這種速成的事，也不做華麗的廣告，只是繼續一步一腳印地苦幹實幹。

因為，我在離職後深刻體會到：**「唯有真正的自己受到他人信賴時，才可能獲得認同；那些亮麗的頭銜和外在並沒有實質幫助。」**

第二年之後開始有了變化。我們的知名度漸漸提升，接著突然一飛沖天。憑藉客戶口耳相傳和網路社群的推薦，有絡繹不絕的客戶接受我們的服務，甚至需要預約排隊。至今，我們已經存活了超過六年，真的相當感謝。

到底發生了什麼事？我自己也曾試著分析。

我後來發現，客戶都是好友和家人介紹過來的。

有很多客戶是從他們的妻子、小孩口中知道我的，之後他們又再推薦給身邊其他親友。這就是我的教練事業的集客模式。

換言之，我一直以來都很重視的**「獲得對方信賴」**這一點，最後也是我事業成功的關鍵因素。

自我行銷，不也是同樣的道理嗎？

別急著告訴大家「我這裡做得很好！」，透過「由愛而生」的言行與對方交流，當對方「想把你介紹給自己在乎的人認識」時，你的優點自然就能得到周遭認同，透過客戶的口耳相傳，魅力和人脈都能會有更廣泛的延伸。

這就是我從自身經驗與教練邏輯中發展出來的終極自我行銷術。我想這應該很容易上手，因為就連我這個不擅長表現自己的人都做到了；而且，我想這個方法也不只有日本人適用。

自我行銷的目的在於吸引對方，傳遞出自己的魅力，進而獲得工作上的委託與好評。這做到這點，你就無須耗費大量力氣去說服別人。

人們不會對強勢、或千方百計想說服自己的人有好感，我自己也不擅長應付這種人，所以我不想做類似的事。那種被逼著接受的情況，不能算是真正的接納與認同。

「不會造成任何人損失的自我行銷術必定存在。」

我從自身經歷中體認到這一點。

若能將它活用到實際生活，不是很好嗎？

關於這種自我行銷術，所要具備的條件我都已經在本書中介紹過了。

請各位別只是將它當作一種新的觀念理解，務必將它融入你每一天的生活，進而養成習慣。這些方法並非只能用於工作，你也能廣泛活用在友誼、戀愛、聯誼之上，甚至聊媽媽經的女性們也都適用。

最後，我要感謝「Coach A」的現任會長伊藤守先生，他帶領我進入教練界，讓當時25歲、宛如一條乾癟小魚的我得到滋潤。此外，我也要感謝一直給予支持的公司同仁、家人、教練好友們，以及每一位客戶。當然，還有願意給我機會出版這本書的所有人，謝謝你們。

「因為有你，我是世界上最幸福的人！」

一起來　思011

讓內向者發光的自我行銷術

反直覺的實用溝通法，解放你的努力與魅力

なぜか好かれる人の「わからせる技術」

作　　者　馬場啓介
譯　　者　謝濱安
編　　輯　林子揚

總 編 輯　陳旭華
電　　郵　steve@bookrep.com.tw
社　　長　郭重興
發行人兼出版總監　曾大福

封面設計　萬勝安
排　　版　藍天圖物宣字社
出版單位　一起來出版／遠足文化事業股份有限公司
發　　行　遠足文化事業股份有限公司
www.bookrep.com.tw
23141新北市新店區民權路108-2號9樓
電話｜02-22181417　傳真｜02-86671851

法律顧問　華洋法律事務所　蘇文生律師
初版一刷　2018年11月
定　　價　320元

國家圖書館出版品預行編目（CIP）資料

讓內向者發光的自我行銷術 / 馬場啓介著 ; 謝濱安譯. -- 初版. -- 新北市 : 一起來出版 : 遠足文化發行, 2018.11
面 ;　公分. --（一起來 思 ; 11）
譯自 : なぜか好かれる人の「わからせる技術」
ISBN 978-986-96627-2-7（平裝）

1.職場成功法 2.人際傳播 3.溝通技巧

494.35　107017559